George G. Szpiro
Mathematik für Sonntagnachmittag

Zu diesem Buch

Was ist die Keplersche Vermutung? Gibt es bei den Börsenkursen irgendwelche Gesetzmässigkeiten? Und wie verhalten sich Smarties im Rütteltest? In »Mathematik für Sonntagnachmittag« erzählt der Journalist George G. Szpiro 50 neue Geschichten über Monsterwellen, Planetenbahnen, die Chaostheorie und über Geheimnisse, die sich in Zahlen verbergen. Dabei bringt er dem Leser nicht nur die reine Mathematik, sondern auch Persönlichkeiten aus der mathematischen Welt auf unterhaltsame Weise näher, darunter die bislang eher unbekannten Mathematikerinnen Ada Lovelace oder Emmy Noether. Und wieder einmal zeigt er, dass die Mathematik keineswegs etwas für verschrobene Wissenschaftler ist, sondern ein wichtiger Teil unserer Kultur.

George G. Szpiro, geboren 1950, studierte Mathematik in Zürich und promovierte, später wandte er sich dem Journalismus zu. Seit 1987 berichtet er von Jerusalem aus für die Neue Zürcher Zeitung über Israel sowie über Mathematik und andere wissenschaftliche Themen. Seine monatlich in der NZZ am Sonntag erscheinende Kolumne »George Szpiros kleines Einmaleins« wurde 2003 von der Schweizerischen Akademie der Naturwissenschaften mit dem Prix Média ausgezeichnet. Neben »Mathematik für Sonntagmorgen« erschienen von ihm »Mathematik für Sonntagnachmittag« und »Das Poincaré-Abenteuer« sowie zuletzt »Mathematischer Cocktail«.

George G. Szpiro

Mathematik für Sonntagnachmittag

50 Geschichten aus Mathematik und Wissenschaft

Piper München Zürich

Mehr über unsere Autoren und Bücher:
www.piper.de

Gewidmet meinen Eltern
Marta und Benno Szpiro,

meiner Frau Fortunée

und meinen Kindern
Sarit, Noam und Noga

Mix
Produktgruppe aus vorbildlich bewirtschafteten Wäldern und anderen kontrollierten Herkünften
www.fsc.org Zert.-Nr. GFA-COC-1223

Ungekürzte Taschenbuchausgabe
Piper Verlag GmbH, München
Oktober 2008

Umschlag: Büro Hamburg. Anja Grimm, Stefanie Levers
Bildredaktion: Büro Hamburg. Alke Bücking, Charlotte Wippermann
Umschlagabbildung: Quint Buchholz / Carl Hanser Verlag
Autorenfoto: Christopher Knight
Papier: Munken Print von Arctic Paper Munkedals AB, Schweden
Druck und Bindung: CPI – Clausen & Bosse, Leck
Printed in Germany ISBN 978-3-492-25116-7

Inhaltsverzeichnis

Vorwort 9

Vom Zählen und Rechnen

Alles rechnet sich 13

Wer zu oft die Neun schreibt, macht sich verdächtig 27

Rechnen geht nicht mit links 31

An Sudokus rätseln Mathematiker schon lange 34

Bei zu viel Information geht gar nichts mehr 38

Vom Lügen, Beweisen und Kaffeesatzlesen

Irrwege eines mathematischen Beweises 45

Du sollst höchstens jedes zweite Mal lügen 47

Neues aus der Welt der Primzahlen 51

Das Auswahlaxiom und seine Konsequenzen 54

Kaffeesatzlesen auf hohem Niveau 60

Sind wohl die Hormone schuld? 67

Planeten, Quanten und Papierballen

Monsterwellen auf hoher See 73

Physik zerknautschter Papierballen 77

Das Rätsel der stabilen Wellen 80

Von Planeten und ihren (fast) stabilen Bahnen 83

Das Quantenlabor in der Zündholzschachtel 87

Grenzen der Speichergeschwindigkeit 90
Smarties im Rütteltest 93

Von Netzen und Knoten
Minimale Massnahmen mit maximaler Wirkung 97
Organisationsprinzipien in komplexen Netzwerken 100
Von der Ungleichheit der Knoten im Netzwerk 103

Der Computer als Hilfsmittel
Die Tücke der Lücke 109
Dreidimensionale Gesichtserkennung 113
Pieter und Pietro im Parameterraum 115
E-Mails verraten Hierarchien 118
Die Qual der Wahl mit dem Wahlcomputer 121
Eine Briefmarke für E-Mails 124
$x - x \neq 0$? 129

Persönlichkeiten
Professor Ekhad meldet sich nicht 135
Der streitende Bruder 138
Ein Diplomat mit Liebe für Zahlen und Schach 141
Geheimnisse, die sich in Zahlen verbergen 144
Das Wunderkind der Mathematik 147

Interdisziplinäres
Die Mathematik der seltenen Arten 153
Dem Weg der Münzen folgen 158
Warum gibt es Sex? 161
Berechenbare Eindringlinge? 165
Das geordnete Chaos der Farbkleckse 168
Warum die Frauen nicht davonsprinten 171

So einfach ist es, einen Modetrend aufzuspüren 175
Wie friedliche Menschen ihren Kuchen teilen 178
Den besten Papst und den besten Song wählen 182
Botschaften des Allmächtigen oder zurechtgeschusterte Daten? 185
Ist das Voynich-Manuskript eine Fälschung? 191
Das Leben wird wieder kürzer 196
Verbrecherjagd mit Köpfchen statt Fäusten 199
Hilfsmittel zur Modellierung des Luftverkehrs 203
Zur Evolution von Kettenbriefen 206
Der letzte gemeinsame Ahne 210
Das blaue Gehirn 212

Bibliographie 216

Vorwort

Im Sommer 2005 fand auf der griechischen Insel Mykonos eine etwas ungewöhnliche Konferenz statt. Statt dass eng verschworene Kollegen einer Wissenschaftsrichtung miteinander über die Geheimnisse ihrer Zunft diskutierten, wurden Fachleute aus mehreren Disziplinen zusammengerufen: Mathematiker, Schriftsteller, Theaterschaffende und Journalisten. Die etwa zwei Dutzend Teilnehmer wollten gemeinsam erörtern, ob und wie die Mathematik der Allgemeinheit mit literarischen Mitteln näher gebracht werden könne.

Mathematik ist eine Disziplin mit rigorosen Vorschriften und einer Reputation für strengste Genauigkeit. Im Gegensatz dazu sind in der Literatur schemenhafte Beschreibungen, umrisshafte Andeutungen und mehrdeutige Anspielungen gang und gäbe. Auf den ersten Blick scheint es unmöglich, diese beiden Formen kreativen Schaffens unter einen Hut zu bringen. Viele Mathematiker waren darüber gar nicht so unzufrieden. Sie wollten vor allem in Ruhe ihrer Forschung nachgehen. Und literarisch Schaffende waren auch nicht unglücklich darüber, dass sie dieses Thema einfach ignorieren durften.

Aber in letzter Zeit beginnt sich zunehmend die Einsicht durchzusetzen, dass die lange praktizierte Abkoppelung der Mathematik von der allgemeinen Kultur beiden Seiten schadet. Auch Nichtfachleute sind sich schon seit langem bewusst, dass Mathematik in allen Lebensbereichen unabdingbar ist. Die auf Mykonos Versammelten waren sich einig, dass der Wunsch, über Mathematik informiert zu werden, viel weiter verbreitet ist als früher angenommen. Auch Laien wollen wissen, wie Mathematiker ihre Wissenschaft betreiben, oder möchten ganz einfach unterhalten werden.

Dieses Buch ist ein Versuch in dieser Richtung. Die 50 Geschichten, die hier erzählt werden, sollen sowohl informieren als auch unterhalten. Als die erste Sammlung meiner Mathematikgeschichten im Verlag Neue Zürcher Zeitung erschien, war nicht sicher, ob sich genügend Leser finden würden. Aber das rege Interesse, das dem Buch zuteil wurde, führte dazu, dass bisher nicht weniger als drei Auflagen erschienen sind. Mathematik hat das Image des Esoterischen abgelegt und sich als Allgemeingut etabliert. Niemand behauptet mehr, dass sich bloss Käuze für Mathematik interessieren.

Im Dezember 2005 widerfuhr mir die Ehre, zu einem der zehn Finalisten für den Descartes-Preis der EU nominiert zu werden. Aber die Freude darüber ist wenig im Vergleich zu dem Spass, den ich jeweils beim Verfassen der Geschichten habe. Ich hoffe, Leser und Leserinnen werden ebenso viel Vergnügen beim Lesen haben, wie ich sie beim Schreiben verspürte.

George G. Szpiro
g.szpiro@nzz.ch
Januar 2006

Vom Zählen und Rechnen

Alles rechnet sich

Das Dutzend ist überall anzutreffen: die Stämme Israels, die Jünger Jesu, die Tierkreiszeichen. Für viele Zeitgenossen lässt sich daraus erkennen, dass die Zwölf und alles, was mit ihr zusammenhängt, gut sein muss. Addiert man eine Eins, erhält man die Dreizehn, und die muss, weil sie das runde Dutzend so stört, eine Unglückszahl sein. Die Sieben findet sich in den Farben des Regenbogens wieder, den Tagen der Woche, der Anzahl der Kontinente, den Tönen der Oktave. Sie drückt somit Gesamtheit und Perfektion aus. Folgerichtig muss eine Sechs Unvollständigkeit bedeuten, und die dreimalige Wiederholung dieser Zahl in der Inkarnation 666 ist – als Gipfel des Schlechten! – die Zahl des Teufels.

Auf solche Weise werden Numerologen nicht müde, Zahlen zu interpretieren und Begebenheiten oder Eigenschaften, die auf irgendeine, oft abenteuerliche Weise mit ihnen in Zusammenhang gebracht werden können, zu beschreiben oder – noch besser – vorherzusagen. Das Beruhigende an der Numerologie ist, dass bei unguten Prognosen meist auch das genaue Gegenteil bewiesen werden kann, indem man die Unheil bringende Zahl flugs multipliziert, dividiert oder anders interpretiert.

Der Mathematiker rümpft die Nase über solchen Humbug. Die Zwölf ist zwar eine wichtige Zahl, aber nicht wegen ihrer mystischen Eigenschaften, sondern weil sie – ausser durch 1 und sich selbst – auch noch durch 2, 3, 4 und 6 geteilt werden kann, ohne einen Rest zu lassen. Somit hat sie doppelt so viele echte Teiler wie die Zehn, die sich bekanntlich – ausser durch 1 und sich selbst – bloss noch durch 2 und 5 teilen lässt. Unter anderem deshalb diente die Zwölf als Basis des im angelsächsischen Kulturraum verwendeten Duodezimalsystems. Die von den Römern bevorzugte Zehn hat den Vorteil, dass man sie an zwei Händen abzählen kann, eine nicht zu unterschätzende Annehmlichkeit für Schulkinder und rechenschwache Geschäftsleute.

Das erkannten auch Charles de Borda, Joseph-Louis Lagrange und Antoine-Laurent Lavoisier Ende des 18. Jahrhunderts. Sie schlugen sich auf die Seite der Fingerzähler und empfahlen dem französischen Nationalkonvent, das Dezimalsystem für Masse und Gewichte einzuführen. (Bordas Vorschlag, den Tag in 10 Stunden à 100 Minuten à 100 Sekunden zu unterteilen, fand keinen Gefallen.) Die Sechs galt schon im Altertum als perfekte Zahl, weil sie die Summe ihrer Teiler ist ($1 + 2 + 3 = 6$). Und Sieben und Dreizehn? Für Mathematiker sind sie nicht besser und nicht schlechter als die Sechs oder die Zwölf, aber vielleicht interessanter. Sie lassen sich ja – ausser durch 1 und sich selber – durch gar nichts teilen. Sie gehören zu den Primzahlen, den Atomen, aus denen alle anderen Zahlen zusammengesetzt sind.

Numerologen und andere Mystiker, die an magische Eigenschaften der Zahlen und Ziffern glauben, berufen sich meist auf Pythagoras als ihr Vorbild. Aber Pythagoras' Ansatz war keine naive Numerologie, sondern ein genialer Versuch, den Kosmos mit Hilfe der ganzen Zahlen und geometrischer Figuren zu verstehen. Dass viele der vermeintlichen Entdeckungen für unser Empfinden reichlich naiv wirken, darf nicht darüber hinwegtäuschen, dass seine Erkenntnis, «alles ist Zahl», bahnbrechend war. Allerdings hatte sein pythagoreisches Weltbild enge Grenzen. Es beschränkte sich auf ganze Zahlen und auf Brüche. Als seine Schüler begriffen, dass sich die Diagonale eines Quadrats nicht als rationale Zahl, das heisst als Quotient (Ratio) zweier ganzer Zahlen, darstellen lässt, führte das zu einer Krise des Weltbilds.

Platon und nach ihm die Neoplatonisten setzten die Versuche fort, die Natur und das Universum anhand von Zahlen zu erklären. Im 3. Jahrhundert n. Chr. entwickelte Iamblichos den Neoplatonismus in eine mystischere Religionsphilosophie weiter, die in seiner «Theologie der Arithmetik» ihren Ausdruck fand. In diesem Werk wechselten pythagoreische Betrachtungen mit freien Assoziationen ab. Die Zahlen nahmen magische Eigenschaften an: Die Numerologie war geboren.

Etwa zur gleichen Zeit gewann die jüdische Mystik an Einfluss, die Kabbala. «Das Buch der Welterschaffung» entstand zwischen dem 3. und dem 6. Jahrhundert. In ihm wird die Erschaffung und die Ordnung des Universums mit Hilfe der Ziffern 1 bis 10 und der 22 Buchstaben des hebräischen Alphabets gedeutet. 1 ist Gott, 2 die göttliche Weisheit, 3 die irdische Intelligenz. Es folgen Liebe, Macht, Schönheit und so weiter. Das zweite Werk der Kabbala ist das im 13. Jahrhundert geschriebene «Buch des Glanzes», das die jüdische Mystik massgeblich beeinflusste. Eine wichtige, aber von vielen Rabbinern nicht ernst genommene Technik der Kabbala ist die *Gematrie*. Indem Buchstaben numerische Werte zugeordnet werden, können Texte laut den Kabbalisten gedeutet werden. Da die Zusammensetzung von Zahlen auf vielfache Weise geschehen kann, lässt die Gematrie unzählige Deutungen und Interpretationen zu.

Es erstaunt, dass Naturphilosophen wie auch Theologen intuitiv meinten, dass es Zahlen sein müssten, die die Welt beschreiben. «Das Wissen vom Göttlichen ist für einen mathematisch ganz Ungebildeten unerreichbar», erklärte Kardinal Nikolaus von Kues im 15. Jahrhundert. Heute wissen wir, dass Mathematik die Grundlage zum Verständnis der Natur ist. Mancher moderne Wissenschafter brütet gleich den Numerologen über Beobachtungsdaten, um herauszufinden, wie verschiedene Datenreihen zueinander in Beziehung stehen. Dass Mathematik das tägliche Brot der Naturforscher geblieben ist, erstaunt Wissenschafter immer wieder.

Eugene Wigner, Nobelpreisträger der Physik, sprach in einem oft zitierten Essay von der «unangemessenen Nützlichkeit der Mathematik», und Albert Einstein fragte, das pythagoreische Weltbild endgültig über Bord werfend: «Wie kann es sein, dass die Mathematik, die doch ein Produkt des freien menschlichen Denkens ist und unabhängig von der Wirklichkeit, den Dingen der

Wirklichkeit so wunderbar angepasst ist?» Das wahre Mysterium des Universums war für ihn, dass es überhaupt für den Verstand zugänglich war. Zahlenmystiker hatten es relativ einfach. Alles, was plausibel schien – und gläubigen und abergläubischen Menschen scheint so manches plausibel –, war legitim. Was Zahlenmystikern fehlte, war die wissenschaftliche Methode, die Notwendigkeit der experimentellen Bestätigung der Theorien sowie deren Widerlegbarkeit.

Galileo Galilei (1564–1642) war einer der ersten Naturphilosophen, die Erklärungen für Naturerscheinungen nicht kraft der Argumente früherer Autoritäten oder theologischer Offenbarungen gelten liessen, sondern nur aufgrund von Experimenten und Beobachtungen. Er prägte das Diktum, dass das Buch der Natur in der Sprache der Mathematik geschrieben sei. Galileos nüchterner Ansatz blieb aber während langer Zeit eine Ausnahme. Einer, der die Notwendigkeit von Beobachtungen und die Vorherrschaft der Mathematik zwar akzeptierte, aber trotzdem in der Mystik und der Astrologie verfangen blieb, war Johannes Kepler in Prag. Seine Karriere als Astronom begann der 23-jährige Kepler, nachdem er Theologie studiert hatte, 1594 mit dem Studium der Bewegungen der damals bekannten Planeten Merkur, Venus, Erde, Mars, Jupiter und Saturn. Keplers Ziel war es, die Planetenbahnen in eine numerische Ordnung zu bringen. Für den jungen Mann war dies umso wichtiger, als er an die magische Kraft der Sterne glaubte und zeit seines Lebens ein überzeugter Anhänger der Astrologie war. Wie ein Schüler beim IQ-Test suchte

Kepler Regelmässigkeiten in den Daten. Er addierte, subtrahierte, multiplizierte und dividierte Zahlen mit-, von- und durcheinander, zog Faktoren zu Hilfe und postulierte unsichtbare Planeten. Nichts half, seine Mühen blieben erfolglos. «Ich habe viel Zeit mit diesen Zahlenspielereien verloren», schrieb er später.

Die Erleuchtung kam dem mittlerweile zum Lehrer avancierten jungen Mann mitten in einer Unterrichtsstunde: Die Umlaufbahnen der Planeten verlaufen auf Kugeln, die um ineinander verschachtelte platonische Körper angeordnet sind. Beim Nachrechnen fand Kepler seine Intuition bestätigt. Die Fehlermarge betrug weniger als zehn Prozent, was der damaligen Beobachtungsgenauigkeit entsprach. 1596 veröffentlichte er seine Erkenntnis in dem Werk «Das Weltgeheimnis», das von der Fachwelt mit Begeisterung empfangen wurde. Für die Thesen des alten Pythagoras war die von Kepler entdeckte Harmonie der Himmelskörper eine grossartige Bestätigung. Es blieb nur ein kleines Problem: Die Erkenntnis war falsch.

Dass seine Entdeckung irrig war, musste Kepler einige Jahre später selber zugeben, als er sich nach dem Tod seines Widersachers, des Hofastronomen Tycho Brahe, dessen exaktere Messdaten aneignete. Beim Sinnieren über den Daten erkannte er, dass die Bahnen der Planeten ellipsenförmig sein müssen und somit nicht auf Kugeln verlaufen können. Es zeugt von Keplers geistiger Grösse, dass er bereit war, den Irrtum zu erkennen. Von der pythagoreischen Methode rückte er allerdings nicht ab, denn etwas anderes gab es zu seiner Zeit ja nicht. 1609 und

1619 veröffentlichte er «Neue Astronomie» und «Weltharmonik», in denen er drei – diesmal richtige – Thesen vorbrachte, die für immer seinen Namen tragen würden: die Keplerschen Gesetze.

Im dritten Gesetz brachte er die Umlaufzeiten der sechs Planeten mit den Achsen ihrer Ellipsen in Zusammenhang. Er hatte die Vision, dass Entfernungen von der Sonne und Geschwindigkeiten in einem mathematischen Gesetz zusammenhängen müssen. Aber wie? Wieder war es ein IQ-Test, der zu lösen war: Was ist die Beziehung zwischen der Zahlenreihe 58, 108, 150, 228, 778, 1430 (Halbachsen der Ellipsen in Millionen von Kilometern) und der Zahlenreihe 88, 225, 365, 687, 4392, 10753 (Umlaufzeiten in Tagen)? Kepler löste das Problem souverän. Er erkannte, dass das Quadrat der Umlaufzeit dividiert durch die dritte Potenz der Halbachse für alle Planeten fast genau 0,04 ergibt. Seine Eingebung führte – ohne die Spur einer Begründung – zu einem der grundlegendsten Gesetze der Natur. Sowohl die falschen als auch die richtigen Erkenntnisse waren in Keplers Geist aufgrund seiner tiefen Überzeugung entstanden, dass Gott die Welt mit einer numerischen Gesetzmässigkeit versehen hatte. Für Naturphilosophen der Aufklärung war die Hypothese der Ineinanderschachtelung von Sphären und platonischen Körpern ebenso plausibel wie die, dass das Quadrat einer Variablen proportional zur dritten Potenz einer anderen Variablen sein soll. Die eine Hypothese stellte sich als Hirngespinst heraus, die andere als bahnbrechende Entdeckung.

Keplers drei Gesetze blieben bis 1687 nicht mehr als ein zahlenmässiges Kuriosum, dessen Ursache in Gottes Weisheit liegen musste. Erst in Isaac Newtons Monumentalwerk «Mathematische Prinzipien der Naturphilosophie» wurden die Gesetze auf eine theoretische Grundlage gestellt. Der Engländer bewies mathematisch, dass Planetenbewegungen nicht allein dem Willen des Allmächtigen gehorchten, sondern dass Ellipsen eine zwingende Notwendigkeit waren.

Newtons Gravitationsgesetz wurde von Zeitgenossen nur widerwillig goutiert. Dass sich eine Karre bewegt, wenn an der Deichsel gezogen wird, verstand jeder. Aber dass eine Karre aus der Ferne ohne Deichsel gezogen werden kann, dafür brauchte es eine gehörige Portion Vorstellungsvermögen. Allerdings benötigte Newtons Modell noch einen Schöpfer als göttlichen Regulator, der Stabilitätsprobleme ausräumte und verlorene Energie wieder gutmachte. Erst sein französischer Nachfolger, Pierre-Simon de Laplace, der Wegbereiter der theoretischen Mechanik, war nicht mehr auf die Hypothese eines ordnenden Gottes angewiesen.

Trotz seiner strengen Rationalität beschäftigte sich aber auch der tief religiöse Newton mit esoterischen Wissenschaften, okkulter Literatur und Zahlenmystik. Hatte Kepler eine Schwäche für Astrologie, so war es für Newton die Alchemie, die ihn bis an sein Lebensende faszinierte. Seine allnächtliche Suche nach dem Stein der Weisen blieb zwar erfolglos – und trug ihm möglicherweise sogar eine Quecksilbervergiftung ein –, aber die Goldmacherei gehörte damals unter Naturwissenschaftern sozusagen zum guten Ton. Newton setzte sich auch eingehend mit der Heiligen Schrift auseinander und lernte sogar Hebräisch, um die fünf Bücher Mose im Originaltext zu studieren. Abstruse numerologische Berechnungen füllten Tausende von Blättern. Sie führten ihn zur Überzeugung, dass der Weltuntergang im Jahr 2060 stattfinden werde.

Newtons intellektueller Widersacher in Hannover, Gottfried Wilhelm von Leibniz, blieb seinem englischen Kollegen auch auf dem Gebiet der Mystik nichts schuldig. Seiner Zeit um viele Generationen voraus, entwickelte er das Konzept einer Rechenmaschine, das auf dem aus den Ziffern 0 und 1 bestehenden binären Zahlensystem beruhte.

Aus den heutigen Computern sind binäre Zahlen tatsächlich nicht wegzudenken, aber Leibniz dienten sie nicht nur zur schnöden Rechentätigkeit. Sie waren ihm ein Einstieg in die Schöpfungsgeschichte: Die 1 steht für Gott und das Sein, die 0 stellt das Nichts dar. Die Ziffer 7 steht für den heiligen Sabbat. In binärer Schreibweise wird sie als 111 geschrieben und ist somit ein Hinweis auf die Dreifaltigkeit. «Cum Deus calculat, fit mundus» – indem Gott rechnet, entsteht die Welt –, schrieb Leibniz; er war überzeugt davon, dass er das binäre System nicht erfunden, sondern bloss entdeckt hatte. So beeindruckt war er von seiner Entdeckung, dass er meinte, die Chinesen, denen die binären Symbole Yin und Yang schon bekannt waren, könnten durch das binäre System zum Christentum bekehrt werden. Einen grossen Erfolg erfuhr das pythagoreische Weltbild, als Dmitri Iwanowitsch Mendelejew 1869 seinen Vorschlag für ein Periodensystem der chemischen Elemente präsentierte. Auf seiner Tafel liess er einige Stellen frei, obwohl keineswegs klar war, dass Elemente fehlten. Aber Mendelejew war tief überzeugt, dass die Platzhalter eines Tages gefüllt würden; denn zwischen den von alters her bekannten Elementen Zink mit dem Atomgewicht 30 und Arsen mit dem Atomgewicht 33 mussten doch auch noch Elemente mit Atomgewichten 31 und 32 liegen. 1875 wurde dann tatsächlich Gallium und 1886 Germanium mit den vorhergesagten Eigenschaften entdeckt.

Und der von der Kabbalistik faszinierte Basler Lehrer Johann-Jakob Balmer fand 1885 rein aufgrund numerologischer Betrachtungen eine empirische Formel für die Wellenlängen der Wasserstoff-Spektrallinien. Dass quantenmechanische Gründe für das Phänomen verantwortlich waren, konnte erst dreissig Jahre später von Niels Bohr gezeigt werden.

Carl Friedrich Gauss, der führende Mathematiker des ausgehenden 18. und beginnenden 19. Jahrhunderts, beschäftigte sich schon in seiner Kindheit intensiv mit Zahlen. Bekannt sind die Anekdoten über den dreijährigen Knirps, der die Abrechnungen seines Vaters korrigierte, und den Primarschüler, der die Lehrer mit seinen erstaunlichen Fähigkeiten verblüffte. Das Studium der höheren Arithmetik, wie das Gebiet der Zahlentheorie damals genannt wurde, trieb er mit dem Meisterwerk «Untersuchungen über höhere Arithmetik» auf neue Höhen. Sein berühmtes, lange Zeit unbewiesenes Primzahltheorem beschreibt, wie die Primzahlen unter den ganzen Zahlen verteilt sind. Gauss war ein gläubiger Christ, aber sein Studium der Zahlen hatte nichts mit Mystik zu tun. Für ihn waren sowohl Gott als auch die Zahlentheorie perfekt. In der Formel «Gott arithmetisiert» brachte er alles unter einen Hut.

Gegen Ende des 19. Jahrhunderts postulierte Georg Cantor in seiner revolutionären Mengenlehre, dass es verschiedene Grade der Unendlichkeit gebe. Jesuiten leiteten daraus einen Gottesbeweis ab, von dem sich Cantor allerdings distanzierte. Andererseits verfing er sich beim Sinnieren über die Menge aller Mengen – einen Begriff, bei dem die Logik versagt – selber in gewagten theologischen Spekulationen. Es verwundert nicht, dass sein Werk nicht überall Gefallen fand und dass Widersacher versuchten, die Mengenlehre ins Lächerliche zu ziehen. Leopold Kronecker in Berlin fasste seine Ansicht in den Worten zusammen: «Gott schuf die natürlichen Zahlen, alles andere ist Menschenwerk», und ein amerikanischer Mathematiker meinte, dass die Mengenlehre eine Theorie für Gott sei, die am besten Gott überlassen bleiben solle. Am anderen Ende des Meinungsspektrums befand sich der Göttinger Mathematiker David Hilbert, der sagte: «Aus dem Paradies, das Cantor uns geschaffen hat, soll uns niemand vertreiben können.»

Die jahrelange Beschäftigung mit mathematischen Objekten, die niemand vor ihm erspäht hatte, und die Anfeindungen, die er deshalb erleiden musste, trugen dazu bei, dass der labile Cantor 1918 in einer Irrenanstalt sein Ende fand. Die Kontroverse um die Mengenlehre ist auch heute nicht abgeschlossen.

Zahlenmystik war unter Naturwissenschaftern auch in jüngerer Zeit nicht nur verpönt. Keplers Nachfahre Sir Arthur Eddington, einer der berühmtesten Astronomen des 20. Jahrhunderts, war überzeugt, dass die zahlenmässigen Werte für Radius, Masse und Alter des Weltalls sowie Gravitationskraft und Lichtgeschwindigkeit in einem schönen Zusammenhang stehen müssten, obwohl diese Annahme durch nichts gerechtfertigt war. Seine Spekulationen wurden von den meisten Kollegen als Zahlenspielereien eines alternden Wissenschafters belächelt.

Eine Ausnahme war sein Landsmann, der englische Physik-Nobelpreisträger Paul Dirac, der schlichtweg verliebt war in die Schönheit der Mathematik. Den pythagoreischen Ansatz rechtfertigte er damit, dass eine Theorie von mathematischer Schönheit bessere Aussichten habe, richtig zu sein, als eine hässliche – auch wenn Letztere besser zu den experimentellen Daten passe. Damit warf er die wissenschaftliche Methode zwar über den Haufen, aber der Ansatz sollte sich als dienlich erweisen. Auf der Suche nach ästhetisch ansprechender Mathematik stiess er auf eine Gleichung, die die Relativitätstheorie und die Quantenmechanik hübsch verband. Leider hatte die Gleichung zwei Lösungen, von denen die eine auf den ersten Blick sinnlos erschien. Aber die Gleichung war zu schön, als dass sich Dirac hätte einschüchtern lassen, und so fand er den ersten Hinweis auf Antimaterie. In der Zeitschrift «Scientific American» meinte er einst ehrfürchtig: «Gott ist ein Mathematiker sehr hoher Ordnung, und für die Schaffung des Universums benützte Er sehr hoch entwickelte Mathematik.» Indessen erkannte Einstein im Werk des Allmächtigen auch menschliche Züge, was ihn zu dem Ausspruch veranlasste: «Raffiniert ist der Herrgott, aber boshaft ist er nicht.»

Die Ästhetik der Mathematik war auch für den Philosophen und Literatur-Nobelpreisträger Bertrand Russell eine wichtige Forderung. Mathematik besitze nicht nur Wahrheit, schrieb er, sondern überwältigende Schönheit, eine kalte und herbe Schönheit, wie jene einer Skulptur. Ins selbe Horn stiess der Cambridge-Mathematiker G. H. Hardy mit seinem Diktum: «Das entscheidende Kriterium ist Schönheit; für hässliche Mathematik gibt es auf dieser Welt keinen beständigen Platz.» Tatsächlich geraten Mathematiker ob der Betrachtung der vom Basler Leonhard Euler 1748 bewiesenen Gleichung – der angeblich schönsten der Welt $e^{i\pi} + 1 = 0$ in helle Entzückung. Diese Aneinanderreihung von Symbolen vereint mittels Addition, Multiplikation und Potenzierung die Basis des natürlichen Logarithmus e (2,71 …), die Kreiszahl π (3,14 …), die imaginäre Einheit i (Quadratwurzel von –1) sowie die 1 und die 0.

Zahlenmystiker wollen die Welt verstehen und die Zukunft vorhersagen. Darin unterscheiden sie sich gar nicht so sehr von ihren Vettern, den theoretischen Naturwissenschaftern. Und pythagoreische Intuition statt rationale Analyse gab – auch wenn die Vettern das nicht immer gern zugeben – für manche Entdeckung den Ausschlag. Heute besitzen Forscher technische Hilfsmittel der Statistik, wie zum Beispiel die Regressionsanalyse, um etwaige Zusammenhänge objektiv zu erforschen. Aber auch diese Werkzeuge können missbraucht werden. So genannte Datenschürfer, moderne Nachfahren der Zahlenmystiker, korrelieren in computergestützten Verfahren alles mit allem, um Zusammenhänge zu finden, die im Nachhinein irgendwie plausibel erscheinen. Die geeignete Theorie wird dann zur Rechtfertigung nachgeliefert.

Unterdessen hat das pythagoreische Weltbild eine neue Stufe erreicht. In der ersten Hälfte des vergangenen Jahrhunderts läuteten Alan Turing und John von Neumann das Computerzeitalter ein. Im Jahr 2002 legte Stephen Wolfram ein Buch vor, in dem behauptet wird, das Universum sei ein riesiger Computer, der durch die wiederholte Anwendung simpler Regeln alle Komplexität des Universums erzeuge. Und so wären wir von Pythagoras' «Alles ist Zahl» zu «Alles ist Berechnung» gekommen.

Wer zu oft die Neun schreibt, macht sich verdächtig

Mit dem gesunden Menschenverstand ist es bekanntlich so eine Sache – besonders in der Mathematik. Eigentlich sollte man meinen, dass Börsenkurse genauso häufig mit einer Eins beginnen wie mit einer Zwei oder mit einer anderen Ziffer. Jede der neun Ziffern sollte in 11,1 Prozent aller Fälle an vorderster Stelle des Aktienkurses stehen. Auch bei der Einwohnerzahl von Städten, bei physikalischen oder mathematischen Konstanten würden wir vermuten, dass keine Ziffer bevorzugt auftaucht. Doch bei vielen Zahlen, die physikalische oder soziale Bedeutung haben, sind die Ziffern tatsächlich anders verteilt.

Der Erste, der diese erstaunliche Feststellung machte, war der kanadische Astronom Simon Newcomb, der vor 120 Jahren bemerkte, dass die vorderen Seiten einer Logarithmentafel viel abgegriffener waren als die hinteren. Aus dieser Beobachtung zog er den etwas nonchalanten Schluss, dass seine Kollegen öfter mit Zahlen zu tun hätten, die mit den Ziffern 1 oder 2 begannen, als mit solchen, die durch 8 oder 9 angeführt wurden. Die abstrus erscheinende These geriet alsbald in Vergessenheit und wurde erst im Jahr 1938 von dem Physiker Frank Benford wiederentdeckt.

Aber Benford ging einen Schritt weiter. Er testete seine Hypothese mit Daten aus den verschiedensten Sachgebieten – Resultate der amerikanischen Baseball-Liga, Atomgewichte der chemischen Elemente, experimentelle Daten in wissenschaftlichen Journalen, Zahlen in Artikeln der Zeitschrift «Reader's Digest». Und immer kam er zum selben Resultat: Während über 30 Prozent der Zahlen mit einer Eins beginnen, sind es bei der Neun weniger als 5 Prozent.

Zum gleichen Ergebnis gelangt, wer die Schlusskurse der Schweizer Börse eines beliebigen Tages analysiert. 72 Aktien haben einen Wert, der mit der Ziffer 1 beginnt. Das entspricht 33,3 Prozent. Bloss 16,4 Prozent der Wertpapiere beginnen mit einer Zwei und sogar nur 6,1 Prozent mit einer Neun. Übrigens hängt das Phänomen nicht von der Währung ab. Man würde die gleiche Ziffernverteilung antreffen, wenn die Aktienkurse in Dollar oder Yen ausgedrückt würden.

Benfords Ziffernverteilung taucht überall auf – nach der amerikanischen Volkszählung von 1990 stellte sich heraus, dass die Einwohnerzahlen von 3000 Bezirken ihr folgten, ebenso die Länge von Flüssen oder numerische Daten in wissenschaftlichen Arbeiten.

Aber solange kein schlüssiger Beweis für die Erscheinung gefunden werden konnte, blieb sie nicht mehr als ein Kuriosum. Das Rätsel konnte erst 1995 von dem Mathematikprofessor Theodore Hill vom Georgia Institute of Technology – einem Vietnamveteranen, der in der Militärakademie West Point ein Zimmer mit dem späteren 4-Sterne-General Wesley Clark geteilt hatte –

auf eine feste Grundlage gesetzt werden. Sein Beweis würde hier zu weit führen, aber das Phänomen kann folgendermassen illustriert werden: Nehmen wir an, eine Aktie mit einem Emissionspreis von 100 Fr. steigt jährlich um 10 Prozent. Während 88 Monaten – bis ihr Wert auf 200 Fr. gewachsen ist – weist der Aktienkurs eine Eins an erster Stelle auf. Eine führende Zwei hat der Kurs aber bloss während 52 Monaten, bis die Aktie auf 300 Fr. gestiegen ist. Und eine führende Neun wird die Aktie nur während 12 Monaten haben, denn so lange dauert es, bis sie von 900 Fr. auf 1000 Fr. gestiegen ist. Dann dauert es wiederum 88 Monate, bis ihr Wert von 1000 Fr. auf 2000 Fr. steigt, und während dieser Zeit weist der Kurs nochmals eine führende Eins auf. Dies entspricht ungefähr der Verteilung, die Benford beobachtet hatte. Mathematisch formuliert handelt es sich dabei um eine logarithmische Verteilung. Die Häufigkeit f einer Ziffer d (1, 2, ... 9) berechnet sich demnach durch die Formel $f = \log(1 + 1/d)$. Für $d = 1$ ergibt sich $f = 30{,}1$ Prozent, für $d = 9$ erhält man $f = 4{,}6$ Prozent.

Nachdem das Phänomen vom Status eines Kuriosums in die Höhen eines mathematischen Gesetzes erhoben worden war, begannen Fachleute nach Anwendungen zu suchen. Ein Professor für Rechnungswesen unterzog die Steuererklärungen von 170 000 Steuerpflichtigen einer Analyse. Er prüfte, ob die Ziffern in den ausgefüllten Formularen der Benford-Verteilung folgten. Nicht immer taten sie es, und so konnte er fehlerhafte Steuererklärungen aufdecken. Seitdem benützen amerikanische Finanzbehörden das Benford-Gesetz zur Identifizierung von Steuerhinterziehern. Und Computerwissenschafter wollen sich die Tatsache, dass kleine Ziffern öfter an erster Stelle vorkommen, zunutze machen, indem sie die Computerarchitektur entsprechend anpassen.

Rechnen geht nicht mit links

Die Lösung mathematischer Aufgaben setzt Sprachfähigkeit voraus. Dieses Credo der Kognitionswissenschaft geht zurück auf den amerikanischen Ingenieur Benjamin Whorf, der in den Zwanzigerjahren des vergangenen Jahrhunderts die Hypothese aufstellte, dass das Beherrschen der Sprache Voraussetzung für andere kognitive Fähigkeiten ist. Noam Chomsky vom Massachusetts Institute of Technology vertritt ebenfalls den Standpunkt, dass die Fähigkeit zu rechnen die Beherrschung der Sprache voraussetzt.

Neurowissenschafter wissen seit Langem, dass die linke Gehirnhälfte für die Sprachfähigkeit des Menschen verantwortlich ist. Die Vermutung lag deshalb nahe, dass sie auch für das Rechnen eine unentbehrliche Rolle spielt. Studien, bei denen untersucht wurde, welche Gehirnregionen bei bestimmten kognitiven Aufgaben stärker durchblutet werden, unterstützten diese Annahme.

Nun haben aber vier Wissenschafter der Universität Sheffield und des Hallamshire Hospital Sheffield den Gegenbeweis für diese These geliefert. Sie zeigten, dass Menschen ihre rechnerische Kompetenz behalten, wenn sie ihr Sprachvermögen wegen einer Verletzung der linken Gehirnregion verlieren. Die Forscher – Psychologen,

Neuro- und Kommunikationswissenschafter – untersuchten drei Patienten, die an «agrammatischer Aphasie» litten. Dieses Gebrechen drückt sich durch die Unfähigkeit aus, grammatikalisch korrekte Sätze zu konstruieren oder zu verstehen. Es wird oft durch einen Gehirnschlag oder durch eine Gehirnverletzung ausgelöst. Die drei Versuchspersonen, unter ihnen ein ehemaliger Universitätsprofessor, konnten mit ihrer Umgebung kaum kommunizieren, weder mündlich noch schriftlich. Es gelang ihnen höchstens, einfache Äusserungen im Telegrammstil, ohne Verben oder Präpositionen, vorzubringen. Zum Beispiel konnten sie den Satz «Der Jäger tötet den Löwen» nicht von dem Satz «Der Löwe tötet den Jäger» unterscheiden. Noch weniger konnten sie Satzgebilde wie «Der Jäger, der den Löwen tötet, ist böse» verstehen. Erstaunlicherweise stellte sich im Laufe der Studie jedoch heraus, dass sie trotz der schweren Behinderung ihre rechnerischen Fähigkeiten behalten hatten. Obwohl die Versuchspersonen zum Teil Schwierigkeiten hatten, Zahlwörter wie «drei» oder «fünfundzwanzig» in schriftlicher oder mündlicher Form zu verstehen, konnten sie geschriebene Ziffern korrekt identifizieren.

In der Untersuchung wurden ihnen zahlreiche arithmetische Aufgaben vorgelegt, deren Lösung die Anwendung syntaktischer Prinzipien – zu deren Verwendung sie im sprachlichen Umfeld unfähig waren – auf den rechnerischen Kontext erforderte. Die Resultate erstaunten. Zum Beispiel konnten die Probanden Aufgaben wie 12 – 5 und 5 – 12 meist richtig lösen, obwohl sie in gesprochenen und geschriebenen Sätzen Subjekt und Objekt nicht auseinanderhalten konnten. Es gelang ihnen auch, schwierigere arithmetische Probleme, bei denen eine Klammersetzung nötig war, zu lösen. So gaben sie zum Beispiel die korrekte Antwort auf die Aufgabe $36/(3 \times 2)$, obwohl sie zwischen Kommas gesetzte Nebensätze nicht verstehen konnten. Auch zur Lösung verschachtelter mathematischer Ausdrücke mit Mehrfachklammern, wie $3 \times [(9+21) \times 2]$, waren sie in der Lage, während ja sogar gebildete Leser mit Schachtelsätzen erhebliche Schwierigkeiten haben können.

Mit ihrer in der Zeitschrift «Proceedings of the National Academy of Sciences» veröffentlichten Arbeit bewiesen die Forscher, dass eine Beherrschung grammatikalischer Sprachregeln für die Lösung rechnerischer Aufgaben unnötig ist. Mathematische Ausdrücke werden offenbar nicht in ein sprachliches Format übersetzt, bevor sie verstanden und gelöst werden.

Es bleibt die Frage, wieso Messungen der Durchblutung von Gehirnregionen gezeigt haben, dass Rechenaufgaben die Aktivität im Sprachzentrum steigern. Die Wissenschafter vermuten, dass Sprachfähigkeit von Kindern zum Erwerb numerischer Konzepte benötigt wird und diese deshalb bei der Lösung von Rechenaufgaben zum Ausdruck kommt. Sprachliche Mechanismen dienen somit bloss als Eselsbrücke zur Erlangung der mathematischen Kompetenz. Für das Rechnen an sich müssen andere Gehirnregionen verantwortlich sein.

An Sudokus rätseln Mathematiker schon lange

Was in England die Rätselseiten aller grossen Zeitungen füllt und in Japan schon fast zwanzig Jahre eine feste Anhängerschaft besitzt, ist auch hier zu Lande sehr beliebt geworden: das Zahlenpuzzle Sudoku. Bei diesem Geduldsspiel müssen die Ziffern 1 bis 9 in einem 9 × 9 Quadrate umfassenden Gitter so eintragen werden, dass in jeder Kolonne, in jeder Reihe und in jedem 3 × 3-Untergitter alle Ziffern genau einmal vorkommen, wobei einige der insgesamt 81 Quadrate mit vorgegebenen Ziffern besetzt sind. Die Lösung eines Sudoku erfordert keinerlei mathematische Fähigkeiten, bietet aber auch gestandenen Mathematikern viel Stoff zum Nachdenken.

Ein altes, etwas einfacheres Beispiel eines solchen Gitters ist auf dem Kupferstich «Melancholia» des Malers und Grafikers Albrecht Dürer dargestellt. Auf dem Bild befindet sich ein so genanntes lateinisches Quadrat, in dem die Zahlen von 1 bis 16 eingetragen sind. Bei näherem Hinsehen bemerkt man, dass sich die Zahlen in allen Reihen, Kolonnen, Diagonalen auf 34 addieren.

Aber damit hören die Überraschungen nicht auf. Auch die vier Ecken, gegenüberliegende Paare und andere Konfigurationen von jeweils vier Quadraten summieren sich zu dieser Zahl. Über die Tatsache, dass die beiden mittleren Quadrate der untersten Reihe 1514 ergeben, das Jahr, in dem Dürer den Kupferstich schuf, ist man bei so viel Zahlenakrobatik schon gar nicht mehr erstaunt. Lateinische Quadrate sind jedoch viel älteren Datums. Beispiele aus dem alten Rom sind bekannt, und in China wurden sie schon vor 5000 Jahren hergestellt.

Der Basler Mathematiker Leonhard Euler (1707–1783) war der Erste, der versuchte, die rätselhaften Quadrate mathematisch zu erfassen. Er stellte die Frage, wie sich 36 Offiziere unterschiedlichen Ranges aus sechs verschiedenen Regimentern auf dem Exerzierplatz derart in einer quadratischen Formation aufstellen müssten, dass in jeder Reihe und in jeder Kolonne alle Regimenter und alle Ränge vertreten sind. Er fand keine Möglichkeit und vermutete schliesslich, dass es für Quadrate mit $4n+2$ Kolonnen und Reihen (6, 10, 14 …) keine Lösung gibt.

Der französische Beamte Gaston Tarry bestätigte diese These im Jahr 1900 für das Gitter mit 6 Reihen und Kolonnen. Er tat dies, indem er die 812 851 200 möglichen Formationen mittels kombinatorischer Methoden zuerst auf 9408 Quadrate reduzierte und dann jedes von ihnen einzeln prüfte. Tarrys Vorgehen ist ein Beispiel für die Methode, die heute bei vielen Computerbeweisen angewendet wird: Alle theoretisch denkbaren Möglichkeiten werden auf eine kleinere Anzahl reduziert und dann mit Computern geprüft.

Trotz diesem Erfolg im Fall eines Gitters aus 6 Reihen und Kolonnen erwies sich Eulers allgemein formulierte Vermutung 1960 aber doch als falsch. Drei Mathematiker bewiesen, dass es für hundert aus zehn Regimentern stammende Offiziere unterschiedlichen Rangs durchaus 10 × 10-Formationen gibt und dass sich auch 196 Offiziere in 14 Reihen und Kolonnen aufstellen können.

Lateinische Quadrate und Sudoku-Rätsel können nicht einfach produziert werden, indem man zufällige Ziffern in einige Quadrate des Gitters einfügt. Sind zu wenige Quadrate gefüllt, lässt das Rätsel mehrere Lösungen zu. Werden zu viele Quadrate gefüllt, ist nicht garantiert, dass es überhaupt eine Lösung gibt. Wie viele und welche Quadrate zu Anfang gefüllt sein müssen, damit es genau eine Lösung gibt, ist noch unbekannt. Man vermutet, dass 16 oder 17 der 81 Quadrate vorgegeben sein müssen.

Insgesamt gibt es viel weniger Sudoku-Rätsel als lateinische Quadrate. Dass sich die Anzahl der Möglichkeiten reduziert, wird klar, wenn man bedenkt, dass sich bei den lateinischen Quadraten bloss die Einträge in den Reihen und Kolonnen zur gleichen Summe addieren müssen, während beim Sudoku zusätzlich auch die Untergitter alle Ziffern zwischen 1 und 9 enthalten müssen. Trotzdem braucht man sich keine Sorgen zu machen, dass die Rätsel bald ausgehen. Anfangs dachte man, dass es 10^{50} Kombinationsmöglichkeiten gibt. So viele sind es zwar nicht, aber es existieren trotzdem genügend. Der Informatikstudent Bertram Felgenhauer von der Technischen Universität Dresden berechnete, dass es fast $6{,}7 \times 10^{21}$ verschiedene Sudoku der Grösse 9 × 9 gibt. Wie viele Rätsel der Grösse 16 × 16 existieren, ist vorläufig noch unbekannt.

Allerdings weiss man, dass Sudoku zu den so genannten NP-vollständigen Problemen gehört. Dies bedeutet, dass die für die Suche nach einer Lösung benötigte Rechenzeit eines Computers mit wachsender Grösse des Gitters exponentiell ansteigt.

Sudokus und die lateinischen Quadrate haben ihre Daseinsberechtigung nicht nur als Zeitvertreib, sondern besitzen mannigfache Anwendungen. Im Sport werden Turniere organisiert, bei denen zu verschiedenen Zeiten und in verschiedenen Stadien jeder gegen jeden spielt, in Schulen werden Stundenpläne ausgearbeitet, bei denen Lehrer und Räume den Klassen zugeteilt werden, und Escortservices …, aber da wollen wir nicht allzu präzise werden. In der Telekommunikation beruhen Vermittlungszentralen, in der Computertechnik die parallele Datenverarbeitung und in der Sozialwissenschaft die Ausarbeitung von Fragebögen auf den gleichen Prinzipien wie die Rätsel.

Eine unerwartete Parallele gibt es zur Medizin. So wie die Summen der Kolonnen, Reihen und Diagonalen des lateinischen Quadrats es erlauben, das ganze Feld zu rekonstruieren, so wird für Computertomogramme die so genannte «inverse Radon-Transformation» dazu benützt, um zweidimensionale Schnittbilder des Körpers zu berechnen.

Bei zu viel Information geht gar nichts mehr

Vielen Leuten fällt es schwer, mit numerischen Daten umzugehen, und bei der immer grösser werdenden Informationsflut, der man tagtäglich ausgesetzt wird, fühlt sich so mancher Zeitgenosse schon bald überfordert. Um sich im Dschungel der Fakten trotzdem zurechtzufinden, werden zum Beispiel zehn- und mehrstellige Telefonnummern in Kurzwahlspeichern aufbewahrt, oder numerische Daten, die in einer Tabelle zu unübersichtlich wären, werden bildhaft in Grafiken umgesetzt. Finanzmanager, die in Echtzeit blitzschnelle Entscheidungen treffen müssen und dazu auf bis zu drei Bildschirmen Börsendaten verfolgen sollten, lassen sich neuestens sogar durch auditive Signale unterstützen – bestimmte Melodien machen sie jeweils auf gewisse Kursverläufe aufmerksam.

Angesichts der Ansprüche des modernen Lebens wäre es also wichtig, zu wissen, wo die Grenzen der menschlichen Informationsverarbeitung liegen. Wie viel Information kann ein Mensch eigentlich aufnehmen? Eine von den australischen Psychologen Graeme Halford, Rosemarie Baker, Julie McCredden und John Bain in «Psychological Science» veröffentlichte Arbeit zeigt nun, dass auch geübte Menschen nicht mehr als vier Werte gleichzeitig verarbeiten können.

Bei ihrer Arbeit mussten die Forscher zuerst die Schwierigkeit überwinden, die darin besteht, dass es nicht einfach ist, festzustellen, wie viel Information das menschliche Gehirn gleichzeitig verarbeiten kann. Mit komplizierten Problemen konfrontiert, sucht der Mensch nämlich automatisch nach Strategien zur Reduzierung der Komplexität. Zum Beispiel fasst ein geübter Patissier die Zutaten Butter, Zucker und Eier als eine einzige Einheit statt als drei Einzelinformationen auf, um die frei gebliebenen Kapazitäten seines Gedächtnisses für andere Details zu verwenden.

Die Wissenschafter mussten also verhindern, dass die Versuchspersonen Eselsbrücken bauten. Dies taten sie mit Aufgabenstellungen, bei denen die Testpersonen so genannte Histogramme – grafische Hilfsmittel, wie sie oft zur Veranschaulichung statistischer Zusammenhänge verwendet werden – interpretieren mussten. Die Säulendiagramme beschrieben Interaktionen mehrerer Grössen und waren so angelegt, dass die Versuchspersonen gleichzeitig alle dargestellten Fakten erfassen und verarbeiten mussten, damit sie die gestellten Probleme lösen konnten.

Dreissig Versuchspersonen – und zwar Computer- und Psychologiestudenten, die Erfahrung mit der Interpretation von Daten hatten – mussten Fragen über die in den Säulendiagrammen dargestellten Situationen beantworten. Eines der einfachsten Beispiele lautete etwa: «Menschen mögen frischen Kuchen lieber als tiefgefrorenen Kuchen. Ist die Bevorzugung bei Schokoladekuchen grösser oder kleiner als bei Rüeblitorte?» Das

Problem enthält bloss zwei Variable (frisch – tiefgefroren, Schokolade – Karotte) und damit vier Säulen im Diagramm. Alle Studenten konnten die unterschiedlichen Höhen der Säulen richtig erfassen und die Fragen korrekt beantworten.

Um die Sache schwieriger zu machen, nahmen die Wissenschafter als zusätzliche Charakteristik die Glasur der Kuchen dazu. Bei drei Variablen (frisch – tiefgefroren, Schokolade – Karotte, glasiert – unglasiert) musste bereits ein Säulendiagramm mit insgesamt acht Balken interpretiert werden. Trotzdem konnten die Probanden fast 95 Prozent der Fragen richtig beantworten.

Noch eine Stufe schwieriger wurde es, als auch noch der Fettgehalt des Kuchens hinzukam. Da sich die Zahl der Säulen in den Grafiken mit jeder zusätzlichen Kuchen-Charakteristik verdoppelt, mussten die Versuchspersonen nun nicht weniger als 16 Säulen verarbeiten. Das war denn auch für einen Teil der Studenten etwas zu viel: Sie lösten nun weniger als zwei Drittel der Aufgaben richtig.

Beim Nonplusultra der Aufgaben schliesslich mussten fünf Variable und damit 32 Säulen gleichzeitig interpretiert werden! Wenig erstaunlich, dass nun nur noch die Hälfte der Aufgaben korrekt beantwortet wurden, was etwa dem Erfolg beim rein zufälligen Raten entspricht.

Die Wissenschafter folgerten aus diesem Versuch, dass die menschliche Fähigkeit, quantitative Daten mental zu verarbeiten, bei vier Variablen an ihre Grenzen stösst. Strategien für logisches Schliessen und Beschlussfassungen sollten deshalb höchstens vier numerische Fakten auf einmal umfassen, und verzwickte Probleme sollten in kleinere Aufgaben aufgeteilt werden. Laut den australischen Wissenschaftern beruht das besondere Talent von Fachleuten offenbar auf deren Vermögen, komplexe Aufgaben in Unteraufgaben zu zerteilen, die höchstens vier Grössen kombinieren.

Irrwege eines mathematischen Beweises

Der Beweis der so genannten Keplerschen Vermutung ist auf dem Weg, zu einem Dauerbrenner zu werden. Auch acht Jahre nach seinem Erscheinen ist die Debatte, wie und wo er veröffentlicht werden soll, nicht endgültig geklärt. Johannes Kepler hatte im Jahr 1611 postuliert, dass die dichteste Art, Kugeln zu lagern, ein pyramidenförmiger Stapel ist. Der Beweis für diese plausibel scheinende These stellte sich als unerwartet schwierig heraus. Er war erst 1998 dem amerikanischen Mathematiker Thomas Hales gelungen – dank massivem Einsatz von Computern.

Robert MacPherson vom Institute of Advanced Studies in Princeton, ein Redaktor der renommierten Fachzeitschrift «Annals of Mathematics», wollte das Manuskript publizieren. Er leitete ein rigoroses Begutachtungsverfahren ein, an dem ein Dutzend Mathematiker beteiligt waren. Ihre Aufgabe bestand darin, den Beweis inklusive aller Computerprogramme auf Herz und Nieren zu prüfen. Aber nach fünf Jahren Arbeit warfen sie das Handtuch. Zwar hatten sie keine Lücken oder Fehler gefunden, doch die Richtigkeit der elektronischen Berechnungen konnten sie nicht mit letzter Sicherheit garantieren. Die Redaktoren beschlossen, den Beweis trotzdem zu publizieren, ihn aber mit einem Vermerk zu versehen, in dem auf die Problematik von Computerbeweisen hingewiesen wird.

Mit diesem Vorgehen waren viele Kollegen nicht einverstanden. Entweder, so ihr Argument, sei ein Beweis richtig, oder er sei es nicht. Grauzonen gebe es in der Mathematik keine. Eine warnende Etikette werfe deshalb ein falsches Licht auf die von Hales und seinem Studenten Sam Ferguson vorgelegte Arbeit. Daraufhin trafen die Redaktoren einen salomonischen Entscheid. Sie beschlossen, in ihrer Zeitschrift bloss jenen Teil der Arbeit zu publizieren, der die Beweisstrategie darlegt. Dies geschah denn auch im November 2005. Eine zweite Version, die auch die strittigen Teile enthält, soll in dem Journal «Discrete and Computational Geometry» veröffentlicht werden.

Völlig konsistent ist dieses Vorgehen der «Annals of Mathematics» allerdings nicht. Im Herbst 2003 hatte die Zeitschrift nach einer siebenjährigen Karenzzeit einen lange erwarteten Beweis dreier Mathematiker veröffentlicht, für den eine Milliarde elektronischer Berechnungen durchgeführt werden mussten, um sieben Spezialfälle zu identifizieren. Doron Zeilberger von der Rutgers University, ein Verfechter von Computerbeweisen, meint, dass die Zeitschrift manchmal unterschiedliche Anforderungen anwende. Allerdings gibt auch er zu, dass die Latte bei einem so alten Problem wie der Keplerschen Vermutung etwas höher gelegt werden müsse.

Du sollst höchstens jedes zweite Mal lügen

Jeder kennt das Spiel der 20 Fragen. Eine Spielerin – nennen wir sie Carole – denkt sich eine Persönlichkeit. Der Gegenspieler – nennen wir ihn Paul – soll versuchen, mit maximal 20 Fragen, die bloss mit Ja oder Nein beantwortet werden dürfen, die richtige Person herauszufinden. Handelt es sich um einen Mann? Nein. Um eine Schauspielerin? Ja. Deutschsprachig? Nein. Usw. Wenn Paul mit höchstens 20 Fragen die richtige Person errät, hat er gewonnen. Die Anzahl der in Frage kommenden Personen kann mit geschickten Fragen jeweils halbiert werden. Dies bedeutet, dass mit 20 Fragen eine Person unter etwa einer Million Menschen eindeutig identifiziert werden kann. Denn wenn man eine Million nacheinander 20-mal halbiert – was bei optimal gestellten Fragen der Fall wäre –, bleibt zum Schluss rund ein Individuum übrig.

Man kann das Spiel nun aber ein bisschen schwieriger gestalten. Carole sei es fortan gestattet, wie ein Orakel ab und zu zu lügen. (Daher ihr Name: Carole entstand aus dem englischen «oracle».) Das Problem stellt sich, wie oft Carole das Lügen erlaubt sein soll, damit Paul mit einer gewissen Anzahl Fragen immer noch die richtige Person finden kann. Oder umgekehrt: Aus welcher Menschenmenge kann Paul die gesuchte Persönlichkeit mit 20 Fragen erraten, wenn Carole höchstens x-mal lügt? Da Paul wegen der unwahren Antworten öfter nachhaken muss, braucht er sicherlich mehr als 20 Fragen, oder die Menge muss kleiner als eine Million sein.

Die Lösung des Problems, das in Erinnerung an den polnisch-amerikanischen Mathematiker Stanislas Ulam das Ulam-Problem genannt wird, ist keineswegs einfach. Joel Spencer vom Courant Institute of Mathematics in New York befasst sich seit über zehn Jahren damit. Es stellt sich heraus, dass die Antwort auf die Frage von den genauen Spielregeln abhängt. Eine erste Version der Spielregeln besagt, dass Carole zu jedem Zeitpunkt nicht mehr als einen gewissen Prozentsatz der Fragen mit Lügen beantworten darf. In einer zweiten Version stehen Carole die gleiche Anzahl von Lügen zu, aber sie darf sie nach Belieben verteilen. Sagen wir, es seien bei 20 Fragen maximal 25 Prozent Lügen gestattet. In der ersten Spielversion darf Carole nach acht Fragen nicht mehr als zweimal gelogen haben, in der zweiten Version darf sie nach fünf Fragen schon fünfmal gelogen haben, muss dann aber die restlichen Fragen wahrheitsgemäss beantworten. Spencer und ein Mitarbeiter bewiesen, dass Paul die gesuchte Person in der ersten Version identifizieren kann, falls die Zahl der Lügen die Hälfte der Fragen nicht übersteigt. Lügt Carole aber öfter, wird Paul nie gewinnen. Die Anzahl der benötigten Fragen steigt mit der Menschenmenge (proportional zum Logarithmus zur Basis 2). Mit den veränderten Spielregeln der zweiten Version kam Spencer jedoch auf ein anderes Resultat: Jetzt kann Paul das Spiel schon dann nie gewinnen, wenn die Anzahl Lügen ein Drittel der Fragen übersteigt.

Der Mathematiker lehnte sich nach getaner Arbeit aber nicht zurück, sondern begann weiterzuforschen. Wie so oft birgt die erfolgreiche Lösung eines mathematischen Problems nämlich den Samen für neue Fragestellungen in sich. Spencer und seine Doktorandin Ioana Dumitriu machten das Spiel noch etwas komplizierter. Carole darf zwar lügen, aber bloss wenn die wahre Antwort Nein lautet. Lautet sie Ja, so muss Carole Ja sagen. Sie ist also eine «Halblügnerin». Unter welcher Menschenmenge kann Paul mit 20 Fragen die richtige Person herausfinden, wenn Carole ab und zu «halblügt»? Wir wissen ja schon, dass er bei null Lügen eine Million Menschen filtrieren kann. Spencer und Dumitriu berechneten, dass sich die Zahl mit einer Halblüge auf unter 105 000 reduziert, mit zwei Halblügen auf höchstens 22 000, und mit drei Halblügen auf weniger als 7000.

Das Ulam-Problem ist nicht bloss Zeitvertreib, sondern findet konkrete Anwendung bei der Signalübermittlung. So werden im Computer jeweils Bits, das heisst Nullen und Einsen, übermittelt. 20 Bits mit 0 oder 1 entsprechen 20 Antworten mit Ja oder Nein. Wenn am anderen Ende wegen Rauschens in der Leitung einige Bits falsch empfangen werden, haben wir das Ulam-Problem vor uns. Und wenn eine Leitung Einsen zwar richtig, Nullen aber manchmal falsch übermittelt, sind wir mit dem Halblügner-Modell konfrontiert.

Es gibt noch eine andere Version des Ulam-Problems. In den bisherigen Spielen wechselten sich Fragen und Antworten jeweils ab, und Paul konnte seine Fragen den vorhergehenden Antworten anpassen. In anderen Worten: Er erhielt Feedback (Rückkoppelung), bevor er die nächste Frage stellte. In der neuen Version muss Paul alle Fragen zu Anfang vorlegen, ohne zu wissen, welche von ihnen Carole falsch beantworten wird. Dies bedeutet noch mehr Einschränkungen, entspricht aber der Situation im Fernmeldewesen und in der Computerwissenschaft besser. Da Nullen und Einsen meist ohne Antwort in die eine Richtung gesandt werden, ist Feedback bei der Signalübermittlung nur bedingt möglich. Allerdings versuchen Computerwissenschafter diesen Nachteil durch teilweisen Feedback wettzumachen, indem nach einer Anzahl Bits jeweils auch Prüfziffern übermittelt werden.

Neues aus der Welt der Primzahlen

Zwei Mathematiker haben vor kurzem eine Arbeit im Internet vorgelegt, in der sie eine bisher unbewiesene Vermutung über Primzahlen bestätigten. Sie bewiesen, dass es beliebig lange arithmetische Folgen gibt, deren Glieder Primzahlen sind. Eine arithmetische Folge ist eine Aneinanderreihung von Zahlen der Form $a + b \times k$, wobei a und b fix sind und k ganzzahlige Werte zwischen Null und einer beliebig grossen Obergrenze annimmt. Wenn alle Glieder der Folge Primzahlen sind, spricht man von einer arithmetischen Primzahlfolge. Ein Beispiel ist die aus fünf Primzahlen bestehende Folge 5, 11, 17, 23, 29, die sich in der Form $5 + 6 \times k$ schreiben lässt. Die längste heute bekannte solche Folge wurde 1993 gefunden. Sie ist von der Form 11 410 337 850 553 + 4 609 098 694 200 × k und besteht aus 22 Gliedern. Vor einem Jahr wurde eine weitere Folge mit 22 Gliedern gefunden.

Arithmetische Primzahlfolgen wurden schon 1770 von Joseph-Louis Lagrange und Edward Waring untersucht. Dabei geht es um zwei Fragestellungen: Gibt es unendlich viele Folgen einer gewissen Länge, und gibt es Folgen, die beliebig lang sind? 1939 bewies der Holländer Johannes van der Corput, dass es unendlich viele arithmetische Primzahlfolgen der Länge drei gibt. Alles andere blieb unbekannt. Zwar wurde vermutet, dass es beliebig lange arithmetische Primzahlfolgen gibt, doch bewiesen werden konnte das nie. Nun haben der 27-jährige Engländer Ben Green und sein um zwei Jahre älterer Kollege Terence Tao von der University of California in Los Angeles beide Fragen im positiven Sinne beantwortet: Zu jeder erdenklichen Länge gibt es unendlich viele arithmetische Primzahlfolgen.

Green und Tao hatten zuerst den Beweis der These in Angriff genommen, dass es unendlich viele arithmetische Primzahlfolgen der Länge vier gibt. Ihr Vorgehen bestand darin, Primzahlen in die Menge der so genannten Beinahe-Primzahlen einzubetten. Dabei handelt es sich um Zahlen, die aus dem Produkt weniger Primzahlen zusammengesetzt sind. Dadurch wurde ihre Arbeit viel einfacher, denn für letztere Zahlengruppe existierten schon geeignete Werkzeuge. Bald landeten sie jedoch in einer Sackgasse: Laut Tao hätten sie einige «unappetitliche» Ausdrücke abschätzen müssen. Beim Versuch, die Schwierigkeit zu umgehen, wurden sich die beiden Mathematiker bewusst, dass ihr bisheriges Vorgehen gewisse Ähnlichkeiten mit der so genannten kombinatorischen Ergodentheorie aufwies – einer von der Physik inspirierten Art der Statistik. Die daraufhin eingeschlagene Richtungsänderung vereinfachte die Behandlung arithmetischer Primzahlfolgen mit vier Gliedern und hatte eine weitere, noch bedeutsamere Konsequenz. Sie erlaubte die Erweiterung des Beweises auf den allgemeinen Fall beliebig langer Folgen.

Aber bevor es so weit war, war noch eine weitere Hürde zu nehmen. Green und Tao sahen sich mit Restbeträgen konfrontiert, die für beliebig lange Folgen gegen Null schrumpfen mussten. Ein zufälliges Gespräch mit dem kanadischen Mathematiker Andrew Granville kam ihnen zu Hilfe. Granville hatte vor einem Jahr einen Fehler in einem vermeintlichen Beweis der Primzahlzwillingsvermutung von Daniel Goldston und Cem Yildirim aufgedeckt. Den beiden war zum Verhängnis geworden, dass sie einen Restbetrag vernachlässigt hatten. Ihr missglückter Ansatz stellte nun aber die nötige Vorarbeit für die korrekte Abschätzung des Restbetrags von Green und Tao dar.

«Beliebig lang» darf übrigens nicht mit «unendlich lang» verwechselt werden. Ersteres bedeutet bloss, dass zu jeder noch so grossen Schranke aus Primzahlen bestehende arithmetische Folgen existieren, die länger sind als diese Schranke. Dass es keine unendlich langen Primzahlfolgen geben kann, ist folgendermassen zu sehen: Die arithmetische Folge $a + b \times k$ (a und b konstant, $k = 0, 1, 2, \ldots$) enthält spätestens beim Glied $k = a$ eine zusammengesetzte Zahl: $a + b \times a = a(1 + b)$. Diese ist also durch a teilbar und keine Primzahl.

Ihre 50-seitige, sehr technische Arbeit bedeutet allerdings nicht, dass nun bald arithmetische Primzahlfolgen mit mehr als 22 Gliedern gefunden werden können. Der Beweis ist nämlich, wie es in der Fachsprache heisst, nicht konstruktiv. Green und Tao bewiesen bloss, dass beliebig lange Folgen existieren, nicht, wie man sie findet.

Das Auswahlaxiom und seine Konsequenzen

Die Axiome der Mengenlehre, die Anfang des 20. Jahrhunderts von Ernst Zermelo, Abraham Fraenkel und Thoralf Skolem formuliert wurden, stellen die Grundlagen der modernen Mathematik dar. Eines dieser Axiome, das so genannte Auswahlaxiom, war zu Beginn allerdings umstritten. Einerseits können gewisse mathematische Aussagen nur unter Zuhilfenahme dieses Axioms bewiesen werden. Andererseits lehnten manche Puristen das Axiom ab, weil es zwar die Existenz einer Funktion postuliert, die aus einer Familie von Mengen gewisse Elemente auswählt, aber keine explizite Vorschrift macht, wie die Auswahl konkret zu treffen ist.

Heute macht die grosse Mehrheit der Mathematiker und Naturwissenschafter in ihrer tagtäglichen Arbeit von dem Auswahlaxiom Gebrauch – meist ohne sich dessen überhaupt bewusst zu werden. Andererseits ziehen es manche theoretisch arbeitenden Mathematiker vor, auf das Auswahlaxiom zu verzichten, da mit dessen Hilfe abstrus erscheinende Aussagen bewiesen werden können – zum Beispiel lässt sich zeigen, dass eine Kugel derart in Stücke zerschnitten werden kann, dass die Teile zusammengesetzt zwei Kugeln der gleichen Grösse ergeben. Die Frage, für welche der beiden Denkschulen man sich entscheidet, kann weit reichende Konsequenzen haben. Die Mathematiker Saharon Shelah von der Hebräischen Universität in Jerusalem und Alexander Soifer von der University of Colorado zeigten, dass auch die Antwort auf ganz konkrete mathematische Probleme davon abhängt, ob man das Auswahlaxiom gelten lässt oder nicht. Das von ihnen erarbeitete Resultat bedeutet, dass die Unterschiede in einer Welt mit und ohne Auswahlaxiom grösser sind, als man bisher glaubte.

Man stelle sich eine Familie von Mengen vor, die irgendwelche Objekte enthalten. Das Auswahlaxiom besagt, dass aus jeder dieser nichtleeren Mengen ein Vertreter ausgewählt werden kann. Wir treffen jeden Morgen Auswahlentscheidungen, wenn wir uns bekleiden: Aus der Menge der Hemden im Schrank wird eines ausgewählt, desgleichen aus der Menge der Hosen, der Pullover usw. Aber der Schrank enthält nur endlich viele Kleidungsstücke jeder Kategorie, weshalb unsere Auswahl im Einzelnen beschrieben werden kann (etwa: «das blaue Hemd links oben»).

Bei unendlich grossen Mengen kann es jedoch zu Schwierigkeiten kommen. Der Philosoph Bertrand Russell wies darauf hin, dass aus einer unendlichen Menge von Schuhpaaren zwar jeweils der linke Schuh ausgewählt werden kann, dass es jedoch keine Auswahlregel für eine unendlich grosse Menge von ununterscheidbaren Sockenpaaren gibt. Ebenso kann in einer unendlich grossen Schule aus jeder Schulklasse der Klassenprimus ausgewählt werden. Es gelingt jedoch nicht, eine Regel anzugeben, die aus einer unendlichen Menge von Streichholzschachteln jeweils ein spezifisches Streichholz aus jeder Schachtel auswählt. Für solche Fälle, in denen es keine Zuordnungsregeln gibt, kann man das Auswahlaxiom einfach postulieren, um es dann bei mathematischen Beweisen zu verwenden.

In den 1960er-Jahren bewies Robert Solovay, dass das Axiomensystem von Zermelo, Fraenkel und Skolem in Verbindung mit dem Auswahlaxiom die Existenz von nicht messbaren Mengen impliziert. Somit ist ein alternatives Axiomensystem denkbar, das eine schwächere, von dem Zürcher Mathematiker Paul Bernays formulierte Version des Auswahlaxioms voraussetzt, dafür aber zusätzlich die so genannte Lebesgue-Messbarkeit der Mengen postuliert. (Das Lebesgue-Mass gibt die Grösse der betrachteten Mengen an, vergleichbar etwa mit der Länge in einer oder der Fläche in zwei Dimensionen.) Beide Axiomensysteme können zur Herleitung mathematischer Theoreme verwendet werden, schliessen sich aber gegenseitig aus: Es kann nur das eine oder das andere Axiomensystem gültig sein.

In einer Serie von Arbeiten zeigten Shelah und Soifer, dass die Frage, ob das Auswahlaxiom in seiner ursprünglichen Form akzeptiert wird, nicht nur von philosophischem Interesse ist, sondern sehr wohl Auswirkungen auf das Resultat konkreter Probleme haben kann. Damit erhält das Auswahlaxiom einen ähnlichen Stellenwert wie das Parallelenaxiom der Geometrie. Seit Euklid hatte man angenommen, dass das Parallelenaxiom gültig sein muss, da sonst viele geometrische Lehrsätze, die durch unsere täglichen Erfahrungen bestätigt werden, unbeweisbar wären. Erst im 19. Jahrhundert konnten Bolyai, Lobatschevsky und Gauss zeigen, dass es auch Geometrien gibt, die ohne das Parallelenaxiom auskommen. Damit eröffneten sie der Mathematik eine neue Welt. Sobald das Parallelenaxiom fallen gelassen wird, gibt es neben der euklidischen, auf einer flachen Oberfläche geltenden Geometrie auch Geometrien, die in gekrümmten Räumen gelten und ebenfalls eine Daseinsberechtigung haben. (Zum Beispiel benötigte Albert Einstein die «nicht-euklidische» Geometrie zur Entwicklung der Allgemeinen Relativitätstheorie.) Auf ähnliche Weise deuten die Arbeiten von Shelah und Soifer darauf hin, dass es mehrere Wirklichkeiten gibt, je nachdem, ob man das Auswahlaxiom gelten lässt oder nicht.

Die beiden Mathematiker gingen von einem Problem aus, das 1950 von dem damals 18-jährigen Studenten Edward Nelson (heute Professor an der Princeton University) aufgeworfen wurde. Nelson betrachtete alle reellen Punkte in der Ebene und fragte, wie viele Farben man brauche, um die Punkte so zu färben, dass diejenigen, die in einem bestimmten Abstand (z. B. einem Zentimeter) zueinander liegen, nicht die gleiche Farbe haben. Bisher konnte für diese Frage keine Antwort gefunden werden. Zwar kann leicht gezeigt werden – ohne Benützung des Auswahlaxioms –, dass man mindestens 4 Farben braucht und dass 7 Farben auf jeden Fall ausreichen. Aber braucht man 4, 5, 6 oder 7 Farben? (Im dreidimensionalen Raum besteht das gleiche Problem, und man weiss nur, dass die Zahl der benötigten Farben zwischen 6 und 15 liegt.)

Shelah und Soifer begannen mit einem etwas einfacheren Problem, nämlich der Färbung der Punkte auf einer Geraden. Sie bestimmten, dass zwei Punkte unterschiedlich koloriert werden müssen, wenn sie einen ganz bestimmten Abstand voneinander haben. (Die Distanzen setzten sie fest als Mehrfaches der irrationalen Zahl $\sqrt{2}$ plus einer rationalen Zahl.)

Um einen Vorgeschmack davon zu geben, wie sich die Anzahl Farben berechnen lässt, wenn das Auswahlaxiom gilt, stelle man sich die Schüler einer möglicherweise unendlich grossen Klasse in einer Reihe aufgestellt vor. Das Auswahlaxiom besagt, dass es einen Klassenprimus gibt, und die weiteren Axiome erlauben dann die Angabe der Distanz jedes Schülers zu dem Primus. Je nachdem, ob die Distanz gerade oder ungerade ist, wird dem Schüler eine Farbe zugeordnet. Es genügen somit zwei Farben zur Kolorierung.

Nun lasse man das Auswahlaxiom fallen und postuliere stattdessen die Lebesgue-Messbarkeit. Zur Anschaulichkeit der Beweisidee diene eine Menge von unendlich kleinen Streichhölzern. Keines der Streichhölzer ist ausgezeichnet, weshalb die obige Methode nicht anwendbar ist. Man nehme nun an, dass n Farben benötigt werden, und ordne alle mit der gleichen Farbe kolorierten Hölzchen einer von n Klassen zu. Die Grösse der Klassen kann wegen der Lebesgue-Messbarkeit angegeben werden. Shelah und Soifer zeigen, dass die Farbklassen in ihrem Beispiel jeweils die Grösse null haben. Da die Kombination von Nullmengen wieder eine Nullmenge ergibt, genügt die Kombination von n Farben nicht – egal wie gross n auch ist –, um alle Streichhölzer zu färben.

In den weiteren Arbeiten geben Shelah und Soifer Beispiele in der Ebene und im Raum an, die die gleichen Schwierigkeiten bereiten: Mit dem Auswahlaxiom erhält man eine Antwort, mit der Lebesgue-Messbarkeit eine andere. Nelsons Frage wurde damit zwar noch nicht beantwortet, aber Shelahs und Soifers Schlussfolgerungen zeigen den möglichen, beunruhigenden Grund dafür auf: Zu vielen Problemen gibt es gar nicht eine einzige Lösung. Während das Auswahlaxiom heute von der grossen Mehrheit aller Mathematiker akzeptiert wird, weisen Shelah und Soifer – ein Jahrhundert nach dessen erster Formulierung – auf die damit einhergehende Problematik hin. Damit wird die Notwendigkeit wieder akut, sich explizit zu einem der beiden Axiomensysteme zu bekennen. Das Auswahlaxiom kann nicht einfach unbesehen hingenommen werden.

Kaffeesatzlesen auf hohem Niveau

Anlageberater und Investoren würden vieles hergeben, um zu wissen, ob der Kurs ihrer Lieblingsaktie steigen oder fallen wird. In den vergangenen zwei Jahrzehnten haben Mathematiker und Physiker mit den Mitteln der Chaostheorie versucht, Gesetzmässigkeiten in den möglicherweise bloss zufällig erscheinenden Börsenkursen auszumachen. Der jüngste Vorstoss in diese Richtung wurde vor einiger Zeit in den «Proceedings of the National Academy of Sciences» veröffentlicht. Der Arbeit liegt ein Mass für die Zufälligkeit von Zahlenfolgen zugrunde, das bei Mathematikern auf Skepsis stösst.

Es ist gar nicht so einfach, zu entscheiden, ob eine Folge von Zahlen zufällig ist. Zum Beispiel haben die drei Folgen 1111111111, 0101010101 und 1101000110 die gleiche Auftretenswahrscheinlichkeit. Trotzdem würden die meisten Leser intuitiv sagen, dass die ersten beiden Folgen regelmässiger scheinen als die dritte, weil Muster erkennbar sind. Als Kriterium für die Zufälligkeit einer Zahlenfolge haben Mathematiker daher ihre Komprimierbarkeit vorgeschlagen. Die erste der obigen Folgen kann auf die Instruktion «zehnmal 1» zusammengestaucht werden und ist somit sehr regelmässig. Die zweite

Folge ist ein wenig komplexer, da sie bloss auf die etwas längere Instruktion «fünfmal 01» komprimiert werden kann. Die dritte Folge ist am zufälligsten, denn um sie zu reproduzieren, muss sie in ihrer ganzen Länge wiederholt werden.

Auf Ideen aus der Chaostheorie aufbauend, hat der Mathematiker Steven Pincus diese intuitiven Ideen 1991 durch die Definition einer approximativen Entropie formalisiert. Um die Zufälligkeit einer binären Zahlenfolge zu messen, wird abgezählt, wie häufig in ihr Zahlenblöcke einer bestimmten Länge vorkommen. In einer völlig zufälligen Folge sollte es genauso viele Nullen wie Einsen geben, die Zweierblöcke 00, 01, 10, 11 sollten mit einer Häufigkeit von je 25 Prozent vorkommen, die acht möglichen Dreierblöcke mit einer Wahrscheinlichkeit von je 12,5 Prozent usw.

In einer der ersten Anwendungen dieses Zufälligkeitsmasses untersuchten Pincus und der inzwischen emeritierte ETH-Professor Rudolf Kalman die binären Darstellungen der Zahlen $\sqrt{2}$, $\sqrt{3}$, π und e (die Basis des natürlichen Logarithmus). Alle vier Zahlen sind so genannte irrationale Zahlen, das heisst, sie lassen sich nicht als Quotient zweier ganzer Zahlen darstellen und haben deshalb unendlich viele Stellen hinter dem Komma. Während π und e transzendent sind, gehören $\sqrt{2}$ und $\sqrt{3}$ zu den so genannten algebraischen Zahlen, die sich als Lösung algebraischer Gleichungen darstellen lassen. Intuitiv erwarteten die Autoren, dass die binäre Darstellung der transzendenten Zahlen zufälliger sein müsse als die der algebraischen. Mit der approximativen Entropie als Zufälligkeitsmass ergab sich jedoch eine andere Rangfolge: π besitzt die höchste Komplexität, gefolgt von √2, e und √3. Diese Ungereimtheit ging fortan als Rätsel in die Literatur ein.

Eine etwas eingehendere Untersuchung wirft jedoch Fragen auf. Der Mathematiker Jordan Ellenberg von der Princeton University meint, dass es gar keine «richtige» Definition für den Begriff der Zufälligkeit gebe. Jedermann könne sich eine beliebige Definition auswählen und sie dann an numerischen Daten testen. Das Resultat zu den transzendentalen und algebraischen Zahlen hält er nicht für sehr interessant. Im Prinzip sähen die Ziffernverteilungen aller irrationalen Zahlen ähnlich zufällig aus, und die Unterschiede, die Pincus und Kalman für die relativ kleine Anzahl von 280 000 Binärstellen festgestellt hätten, seien weder seltsam noch rätselhaft. Keith Devlin von der Stanford University hält die zahlentheoretischen Befunde der Autoren ebenfalls für nichts Erstaunliches. Unterschiedliche Häufigkeiten der Blöcke seien zu erwarten gewesen, und die Resultate, die Pincus und Kalman präsentieren, entsprächen den zu erwartenden Variationen. Dies wird von Benjamin Weiss von der Hebräischen Universität in Jerusalem bestätigt. Die Unterschiede in der Häufigkeit der Ziffernblöcke seien statistisch nicht signifikant und die Schlussfolgerungen deshalb mathematisch inhaltslos. Pincus kontert, dass die Argumente seiner Kritiker bloss aufzeigten, wie wenig man noch über transzendentale und algebraische Zahlen wisse.

In den Jahren seit der Veröffentlichung der Definition des Masses der approximativen Entropie wurde der

Begriff in Hunderten von Studien auf physiologische Zeitreihen wie Herzrhythmus, Gehirnströme und Hormonspiegel angewandt. Es wurde jeweils versucht, gewisse Symptome mit der approximativen Entropie in Zusammenhang zu bringen. In ihrer jüngsten Arbeit taten Pincus und Kalman den Sprung von der Medizin zur Finanztheorie. Ihre These ist, dass das Mass der approximativen Entropie für die prinzipielle Vorhersagbarkeit des Marktverhaltens verwendet werden könne.

Die Autoren zeigten zum Beispiel, dass der Börsencrash in Hongkong im Jahr 1997 auf eine Periode folgte, in der der so genannte Hang-Seng-Index eine besonders hohe approximative Energie aufwies. Auch bei der Untersuchung des Dow-Jones-Durchschnitts über zwei einwöchige Perioden beobachteten die Forscher unterschiedliche Werte der approximativen Energie. Schliesslich stellten sie fest, dass das Verhalten des «Standard and Poors»-Indexes nicht völlig zufällig ist. Die Auswertung der Daten erscheint allerdings fragwürdig. So wurde die Analyse des Hang-Seng-Indexes nach dem Crash abgebrochen, obwohl die Arbeit erst sieben Jahre später eingereicht wurde. Und bei der Untersuchung des Dow-Jones-Durchschnitts gaben die Autoren zwar die gemessenen Werte der approximativen Energie an, nicht jedoch deren Signifikanz.

Andrew Lo, Professor für Finanztheorie am Massachusetts Institute of Technology, erklärt, es sei zweifelhaft, ob das vorgeschlagene Mass etwas zu den zahlreichen schon existierenden Tests beitrage. Möglicherweise besitze es nützliche Aspekte, doch sei dies aufgrund der präsentierten Resultate schwer festzustellen. Etwas schärfer drückt sich Bruce Mizrach von der Rutgers University aus. Aus der Arbeit könne man nicht viel Neues lernen, meint er, denn dass die Volatilität, wie sie durch die approximative Entropie gemessen wird, vor Börsencrashs hoch sei, sei wohlbekannt. Das Gleiche gelte aber auch vor Börsenhaussen. Und Thorsten Hens vom Institut für empirische Wirtschaftsforschung der Universität Zürich empfiehlt den Autoren, sich dem akademischen Wettbewerb zu stellen und die Arbeiten bei Finanz- oder Ökonometrie-Journalen einzureichen. Letztlich sei es eine finanzökonometrische Frage, ob die approximative Entropie ein sinnvolles Mass für Finanzdaten sei.

Auch diese Vorwürfe lässt Pincus nicht gelten. Ziel der Arbeit sei es gewesen, die potenzielle Anwendbarkeit des Masses der approximativen Entropie auf Finanzzeitreihen aufzuzeigen. Dazu genüge die Anführung eines klaren Beispiels für hohe Werte dieses Masses, denen ein Börsencrash folgte. Andere Beispiele für ähnliche Situationen existierten, doch hätte deren Miteinbeziehung der jüngsten Studie keine zusätzliche Glaubwürdigkeit verliehen, behauptet er. Allerdings versicherte Pincus, dass in zukünftigen Arbeiten umfassendere Beobachtungsdaten verarbeitet würden. Damit werden die Kritiker jedoch kaum zum Verstummen gebracht. Doyne Farmer vom Santa Fe Institute in New Mexico, ein Experte auf dem Gebiet chaotischer und zufälliger Zeitreihen, bringt die Vorbehalte auf den Punkt. Von approximativer Entropie habe er zwar noch nie etwas gehört, aber zu viele Wissenschafter machten von verschiedenen, nicht über alle Zweifel erhabenen Massen Gebrauch, bloss um irgendwelche publizierbaren Resultate zu produzieren.

So bleibt die Frage, wie Forschungsresultate, die von vielen Kollegen nicht ernst genommen werden, eine solche Verbreitung erfahren konnten. Eine mögliche Antwort kann in der Publikationsstrategie mancher Autoren gefunden werden. Pincus zum Beispiel führt auf der Liste seiner Veröffentlichungen über achtzig Arbeiten auf, die er – zum Teil gemeinsam mit Koautoren – zum Thema approximative Entropie geschrieben hat. Die grundlegenden Veröffentlichungen erschienen in den «Proceedings of the National Academy of Sciences» (PNAS) – einer renommierten Wissenschaftszeitschrift (siehe unten) –, während die Anwendungen ausschliesslich in Journalen veröffentlicht wurden, die sich nicht mit Mathematik oder Statistik befassen. Offensichtlich sehen die Herausgeber und Gutachter dieser Journale keinen Grund mehr, die Zuverlässigkeit und Anwendbarkeit der statistischen Hilfsmittel zu hinterfragen, nachdem eine statistische Methode einmal bei den PNAS veröffentlicht worden ist.

Drei Wege zur Publikation in PNAS

PNAS gewährt Wissenschaftern drei Möglichkeiten zum Einreichen einer Forschungsarbeit. Die eine ist, wie bei den meisten Journalen üblich, von einer rigorosen Begutachtung durch einen oder mehrere Experten begleitet. Eine zweite Möglichkeit ist, dass ein Mitglied der amerikanischen National Academy of Sciences (NAS) als Vermittler wirkt, die Arbeit eines Wissenschafters in Eigenverantwortung begutachten lässt und zur Publikation an PNAS weiterleitet. Die dritte und einfachste Art, einen Artikel bei PNAS unterzubringen, steht den Mitgliedern der NAS offen. Diese haben das Recht, ihre Forschungsarbeiten in PNAS zu veröffentlichen, sogar wenn sie nicht genau in ihrem Fachbereich liegen. Als Garantie für die Qualität solcher Arbeiten reicht es aus, zustimmende Briefe zweier Kollegen einzuholen. Von letzterem Prozedere können auch Nichtmitglieder profitieren, denn es genügt, ein NAS-Mitglied als Mitautor aufzuführen, um die Arbeit in PNAS zu veröffentlichen. Bloss 20 Prozent der eingereichten, aber 60 Prozent der jährlich etwa 2500 publizierten Artikel stammen von Mitgliedern der NAS oder werden über sie vermittelt.

Sind wohl die Hormone schuld?

Eine Leserin bemerkte einmal, dass diese Kolumne bisher nie Frauen erwähnt habe. Dies soll nun schnellstens nachgeholt werden. Denn es gab und gibt Mathematikerinnen, die in dieser Wissenschaft Grosses geleistet haben.

Zum Beispiel die Französin Sophie Germain (1776–1831), Tochter eines wohlhabenden Seidenhändlers in Paris. Trotz dem Widerstand ihrer Eltern studierte sie nachts bei Kerzenlicht die Werke von Isaac Newton und Leonhard Euler. Später unterhielt sie eine rege Korrespondenz mit Carl Friedrich Gauss in Göttingen über Zahlentheorie. Allerdings tat sie dies unter dem Pseudonym «Monsieur LeBlanc», damit der berühmte Professor sie nicht sofort ignorieren würde. Germain konnte einen Spezialfall von Fermats letztem Theorem für gewisse Primzahlen beweisen, die heute «Sophie-Germain-Primzahlen» genannt werden. Als Gauss erfuhr, dass sein Briefpartner eine Partnerin war, war er voll des Lobes für die Mathematikerin.

Die Russin Sofja Kowalewskaja (1850–1891) ging sogar eine unglückliche Ehe ein, nur um ihr Elternhaus verlassen und studieren zu können. Zu ihrem Leidwesen musste sie aber wenig später entdecken, dass Frauen an der Universität Berlin nicht zum Studium zugelassen wurden. Die Enttäuschung wandte sich in einen Glücksfall, denn das Studierverbot bewog den überragenden Geist der mathematischen Fakultät, Karl Weierstrass, Kowalewskaja Privatunterricht zu erteilen. Auf sein Betreiben erhielt sie von der Universität Göttingen ein Doktorat mit der Note summa cum laude. Eine akademische Laufbahn blieb ihr allerdings vorerst verbaut. Sie durfte bloss in einer Mädchenschule Arithmetik unterrichten. Erst auf Intervention des schwedischen Mathematikers Gösta Mittag-Leffler erhielt sie eine Stelle als Privatdozentin für Mathematik an der Universität Stockholm und leistete wichtige Beiträge auf dem Gebiet der Analysis.

Ada Lovelace (1815–1852) war die Tochter des Poeten Lord Byron. Anlässlich eines Besuchs bei Charles Babbage erklärte ihr der Computerpionier seine Pläne für den Bau der «Analytical Machine». Vom ersten mechanischen Computer der Welt fasziniert, schrieb sie das welterste Computerhandbuch, das auch das welterste Computerprogramm enthielt. Leider wurden ihre intellektuellen Fähigkeiten nicht gefördert, und sie gab sich immer mehr dem Wein, dem Opium, der Herrengesellschaft und Pferdewetten hin. Umwittert von Skandalen, starb sie 37-jährig an Krebs. In den 1970er-Jahren liess das amerikanische Verteidigungsministerium eine Computersprache entwickeln, die zu Ehren von Babbages Assistentin ADA genannt wurde.

Eine der Begründerinnen der modernen Algebra war Emmy Noether (1882–1935), Tochter des Mathematikers Max Noether. Als Frau und als Jüdin hatte sie es besonders schwer. David Hilbert, der wichtigste Mathematiker Deutschlands in der ersten Hälfte des 20. Jahrhunderts, focht unablässig mit den Behörden der Universität Göttingen, um der hochbegabten Noether eine Professorenstelle zu ermöglichen. Aber es wurde ihr bloss gestattet, als Assistentin zu fungieren, und als die Nazis die jüdischen Wissenschafter vertrieben, musste auch sie Deutschland verlassen. Noether fand am Bryn Mawr College in Pennsylvania eine Heimstätte.

Was an dieser Liste nachdenklich stimmt, ist, dass sie schon fast vollständig ist. In einer Sammlung von Biografien der 1550 wichtigsten historischen und zeitgenössischen Mathematiker werden bloss 78 Mathematikerinnen aufgeführt. Die Gründe für die Absenz sind vielfältiger Art. Kulturelle Vorurteile, familiäre Präferenzen, professionelle Hindernisse, Diskriminierung sind nur einige Erklärungsansätze. Angesichts der gigantischen Hürden – während Jahrhunderten wurden Frauen als Analphabeten gehalten – müssen Mathematikerinnen, die es in der Vergangenheit schafften, den Männern Ebenbürtiges zu leisten, besonders begabt gewesen sein. Aber wieso findet man auch heute noch so wenige Professorinnen an den besten Hochschulen? Gibt es vielleicht auch geistige Veranlagungen oder Präferenzen?

Es ist nicht ungefährlich, sich mit dem Thema auseinander zu setzen, denn politische Korrektheit muss gewahrt bleiben. Als der Präsident der Harvard University, der frühere US-Finanzminister Lawrence Summers, der Sache im Januar 2005 nachgehen wollte, setzte er sich in ein Wespennest. In einer provokativen Rede hatte er nicht nur die bekannten Gründe aufgeführt, sondern auch gesagt, dass Frauen für Mathematik und Naturwissenschaften möglicherweise weniger geeignet seien.

Dabei implizierte Summers nicht, dass Mädchen darin nicht gut, sehr gut oder ausgezeichnet sein können. Seine Frage lautete, wieso es unter den Ausnahmekönnern, von denen man unter 5000 oder 10 000 Wissenschaftern höchstens einen findet, so wenige Frauen gebe. Zur Beantwortung zitierte er Studien, die angeblich belegen, dass Männer bei Fähigkeitstests grössere Begabungsunterschiede – im statistischen Fachjargon Streuung genannt – aufweisen als Frauen. Diese an sich unschuldige Feststellung impliziert, dass man unter Genies mehr Männer finden sollte als Frauen. Allerdings bedeutet sie auch, dass es unter völlig unbegabten Menschen ebenfalls mehr Männer als Frauen geben muss.

Die Worte des Harvard-Präsidenten entfachten einen Sturm der Entrüstung. Dabei wäre es wichtig, zu wissen, ob es kulturelle, institutionelle und familiäre Hürden sind, die Frauen davon abhalten, diese Ziele zu erreichen, oder ob es möglicherweise geschlechtsspezifische Fähigkeiten für verschiedene Fächer gibt. Der Harvard-Psychologieprofessor Steven Pinker wies darauf hin, dass es Anzeichen dafür gebe, dass mathematische Fähigkeiten und räumliches Vorstellungsvermögen mit dem Niveau der vorhandenen Geschlechtshormone variierten. Solche Thesen müssten ernst genommen werden, meint er. Möglicherweise seien sie falsch, aber das könne nicht herausgefunden werden, wenn man sie im Voraus für tabu erklärt.

Planeten, Quanten und Papierballen

Monsterwellen auf hoher See

Wellen, die die Höhe eines zehnstöckigen Gebäudes erreichen, galten bei seriösen Ozeanologen bis vor kurzem als Seemannsgarn. Unterdessen weiss man aber, dass mitten im Ozean tatsächlich steile, 20 und 30 Meter hohe Wellen auftreten können. 1933 triangulierte ein Offizier auf dem amerikanischen Kreuzer «Ramapo» im Pazifischen Ozean die grösste je gemessene Welle: Sie war 34 Meter hoch. Laut herkömmlichen Modellen sollten solche Monsterwellen an einem gegebenen Ort nur einmal in 100 Jahren auftreten. Doch in der Realität sind sie weitaus häufiger. In den letzten Jahren haben Forscher nichtlineare Modelle entwickelt, mit denen sich das Entstehen und die Häufigkeit von Extremwellen besser verstehen lassen.

Wenn eine Monsterwelle über einem Schiff bricht, wird das Deck Belastungen von über 100 Tonnen pro Quadratmeter ausgesetzt. Da Hochseeschiffe für Wellen mit einer Maximalhöhe von 15 Metern und für Belastungen von höchstens 15 Tonnen pro Quadratmeter konstruiert sind, führt das Naturphänomen oft zu Katastrophen. Von der Schifffahrtsindustrie werden die Gründe für diese Havarien gerne verschwiegen. In den offiziellen Berichten heisst es dann oft lapidar, dass das Unglück auf menschliches Versagen oder auf Materialschwächen zurückzuführen sei.

Fachleute schätzen jedoch, dass während der vergangenen 20 Jahre alljährlich nicht weniger als zehn Supertanker und Containerschiffe von über 200 Meter Länge infolge von Monsterwellen verloren gingen. Zum Beispiel wird angenommen, dass der deutsche Frachter «München», der im Dezember 1978 mit 28 Mann Besatzung nördlich der Azoren fast spurlos verschwand, einer solchen Welle zum Opfer fiel.

Extremwellen werden definiert als Wellen, die mindestens 2,2-mal so hoch sind wie die höchsten sie umgebenden Wellen. Laut herkömmlichen Modellen kommt im Durchschnitt auf 10 000 Wellen eine Extremwelle. Allerdings ist nicht jede Extremwelle eine Monsterwelle. In einer relativ ruhigen See mit 45-Zentimeter-Wellen tritt innerhalb von 30 Stunden durchschnittlich eine Extremwelle von einem Meter Höhe auf. Damit aber eine 30-Meter-Monsterwelle entsteht, müsste ein Sturm mit 14-Meter-Wellen (Stärke 12 auf der Beaufort-Skala) statistisch gesehen etwa zwei Tage lang wüten – ein sehr seltenes Ereignis. Tatsache ist jedoch, dass Monsterwellen viel häufiger sind, als es die Statistik vorhersagt. Es gibt vier Arten von Monsterwellen, und für drei von ihnen kennt man die Ursachen. So werden Tsunamis durch Erdbeben, Erdstürze ins Meer oder Vulkanausbrüche hervorgerufen. Diese Wellen rasen mit Geschwindigkeiten von 600 Kilometern pro Stunde über das Meer und sind seit Jahrhunderten bekannt. Monsterwellen können aber auch ohne vorhergehende seismische Ereignisse entstehen, etwa wenn Wellen aus unterschiedlichen Richtungen aufeinander treffen und sich gegenseitig hochschaukeln. Solche Wellen sind nicht unbedingt gefährlich, da sie zwar hoch, aber nicht steiler als gewöhnliche Wellen sind. Eine weit bedrohlichere Art von Monsterwellen tritt zum Beispiel vor der Ostküste Südafrikas auf, wo der relativ schnell fliessende Agulhas-Strom auf Sturmwellen aus der Antarktis trifft. Dabei wird der Wellenfluss verlangsamt, die Distanz zwischen den Wellenkämmen verringert sich, Wassermassen stossen aufeinander und überlagern sich. So können Monsterwellen entstehen, die steil wie eine Mauer sind.

Schiffe verschwanden aber auch in Gegenden, wo es keine Strömung gibt. Mitunter entstehen Monsterwellen ohne ersichtlichen Grund bei einem sonst nicht ungewöhnlichen Seegang. Solche Wellen wurden im Februar und März 2001 den Passagierkreuzern «Bremen» und «Caledonian Star» zum Verhängnis, die danach bei den Falklandinseln stundenlang manövrierunfähig im Wasser schlingerten und nur knapp dem totalen Schiffbruch entgingen.

Monsterwellen dieser Art stellten lange Zeit ein Rätsel dar. Sie beruhen nicht auf der simplen Addition von Energien und lassen sich deshalb nur mit nichtlinearen Modellen beschreiben. In den letzten Jahren sind mathematische Physiker einem Verständnis dieses Phänomens einen entscheidenden Schritt näher gekommen. Zur Analyse zogen Karsten Trulsen von der Universität Oslo und Kristian Dysthe von der Universität Bergen sowie Alfred Osborne und Miguel Onorato von der Universität Turin die nichtlineare Schrödinger-Gleichung heran. Deren lineares Gegenstück ist aus der Quantenmechanik bekannt und beschreibt dort die wellenartige Dynamik von Elementarteilchen.

Wie sich bei einer genaueren Analyse der nichtlinearen Schrödinger-Gleichung herausgestellt hat, können sich Instabilitäten in den Wellenzügen infolge der nichtlinearen Zusammenhänge chaotisch aufschaukeln, wenn die Frequenzen mehrerer Wellenzüge in einer gewissen numerischen Relation zueinander stehen. Resonanzeffekte können dann zu einem exponentiellen Wachstum der Amplitude einer Welle führen, die dadurch zu einer Monsterwelle wird. Die dazu nötige Energie entzieht sie den umliegenden Wellen, die sich entsprechend verkleinern.

Die nichtlineare Schrödinger-Gleichung erklärt auch die Diskrepanz zwischen der bisher berechneten und der tatsächlichen Häufigkeit von Monsterwellen. Das «Jahrhundertereignis» einer 30-Meter-Welle erscheint in Simulationen mit dem nichtlinearen Modell mehrmals pro Jahr, was ungefähr der Frequenz entspricht, mit der Monsterwellen in Wirklichkeit auftreten

Physik zerknautschter Papierballen

Ein zerknüllter Ballen Papier besteht grösstenteils aus Luft, was mit einem einfachen Experiment leicht nachgeprüft werden kann. Man nehme ein A4-Blatt der Dicke 0,08 Millimeter und knautsche es mit aller Kraft zusammen. Der entstandene Ballen hat einen Durchmesser von etwa 3,5 Zentimetern, woraus sich berechnen lässt, dass er zu 75 Prozent aus Luft besteht. Trotzdem ist er gegen weitere Kompressionen sehr widerstandsfähig. Versucht man, den zerknautschten Ballen noch mehr zu komprimieren, wächst die benötigte Kraft exponentiell an.

Man kann sich zerknülltes Papier als ein Gerüst von Falten und Kanten vorstellen, die in konischen Spitzen zusammenlaufen. In diesen Kanten und Spitzen wird die zum Zusammenballen aufgewendete Energie gespeichert. Die Falten agieren in dieser Beziehung ähnlich wie zusammengestauchte Sprungfedern. Da die Zahl der Kanten und Spitzen mit dem Zerknautschen zunimmt, verteilt sich die von aussen aufgewendete Energie auf immer mehr Federn. Dieses einfache Modell kann zwar die ausserordentliche Widerstandskraft eines Papierballens veranschaulichen; es erlaubt aber keine quantitative Auswertung, da über die Stärke der imaginären Federn nichts bekannt ist.

Ein jüngst an der University of Chicago durchgeführtes Experiment liefert nun eine genauere Erklärung für die Vorgänge beim Zerknüllen. Die Gruppe von Sidney Nagel stopfte 34 Zentimeter grosse, mit Aluminium beschichtete Filme aus Polyester in einen 10 Zentimeter breiten Zylinder und belastete das Knäuel mit einem 200 Gramm schweren Kolben. In regelmässigen Intervallen massen sie, wie tief der Kolben gesunken war. Laut dem Sprungfeder-Modell hätte der Ballen innert kurzer Zeit zu seinem der Last entsprechenden Ausmass zusammenschrumpfen sollen. Aber das Team machte eine bemerkenswerte Entdeckung. Der Ballen verkleinerte sich fortwährend und hatte sein endgültiges Ausmass auch nach drei Wochen noch nicht erreicht. Zwar sank der Kolben immer langsamer – die Schrumpfung erfolgte mit dem Logarithmus der Zeit –, aber die endgültige Grösse des Ballens blieb bis zum Schluss unbekannt.

Das logarithmische Zeitverhalten des schrumpfenden Ballens entspricht dem Verhalten von chemischen Reaktionen beim Überwinden von Energiebarrieren. Diese Analogie vor Augen, mutmassen die Forscher, dass die aluminiumbeschichteten Filme beim Zusammenknüllen immer wieder in energetisch ungünstige Konfigurationen geraten, aus denen sie sich nach einiger Zeit durch langsame, kontinuierliche Deformation befreien können. Je kleiner der Ballen dabei wird, desto mehr nimmt die gespeicherte Energie in Form neuer Kanten und Falten zu. Die Folie wird immer steifer, und es wird zusätzliche Energie benötigt, um den Ballen von einem Niveau zum nächsten springen zu lassen.

Es besteht noch ein weiterer Unterschied zum Sprungfeder-Modell. Beim Hochziehen des Kolbens beginnt der Ballen zwar etwas zu expandieren, findet aber nicht zur ursprünglichen Grösse zurück. Laut dem Sprungfeder-Modell hätte er bei Nachlassen des Drucks wieder seine ursprüngliche Grösse annehmen sollen. Die Diskrepanz rührt daher, dass sich die Falten in einem wesentlichen Punkt von elastischen Federn unterscheiden. Beim Zerknüllen von Papier und anderen Materialien treten irreversible plastische Deformationen auf. Deshalb kann der Ballen bei Nachlassen der äusseren Kraft nicht in den ursprünglichen Zustand zurückfinden.

Übrigens treten die gleichen Phänomene auch dann auf, wenn der Druck auf den Ballen zeitweise nachlässt. Das Team bewies dies, indem es den Kolben 500 Sekunden nach Beginn des Experiments fixierte und nach einer Pause von 500 Sekunden wieder freigab. Zu ihrem Erstaunen stellten die Physiker fest, dass der Kolben innert kurzer Zeit auf das Niveau absank, das er erreicht hätte, wenn er 1000 Sekunden lang auf den Ballen gedrückt hätte. Plastische Verformungen entstehen eben auch dann – vor allem durch den Druck der Folie gegen die Wände und den nun stationären Kolben –, wenn dem Ballen zeitweilig keine zusätzliche Energie zufliesst. Das bessere Verständnis von zusammengestauchten Folien- und Papierballen hat durchaus auch praktische Aspekte. Es könnte bei der Entwicklung von Verpackungsmaterialien und bei der Konstruktion von Knautschzonen in Fahrzeugen – zur wirksameren Absorption von Energie bei Autounfällen – eingesetzt werden.

Das Rätsel der stabilen Wellen

Im Europa des 19. Jahrhunderts wurden fast alle Güter auf Schifffahrtskanälen transportiert. Der aufkommende Schienenverkehr zwang die Reedereien aber, ihre Betriebe effizienter zu gestalten. Zum Beispiel sollte Energie gespart werden. Und ein ungeklärtes Problem war, dass die Kanäle fast ständig Wasser verloren.

Eines Tages – es war im August des Jahres 1834 – stand der schottische Ingenieur Scott Russell am Ufer des Union-Kanals in der Nähe von Edinburg und überlegte, wie die Schiffe den Widerstand überwinden könnten, den die Bugwellen ihnen entgegensetzen. Er beobachtete zwei Pferde, die ein Schiff durch den Kanal zogen. Vor seinem Bug her schob das Schiff das verdrängte Wasser. Plötzlich riss das Zugseil, und das Schiff stoppte.

Laut der damals gängigen Theorie der Flüssigkeitsdynamik von Daniel Bernoulli und Isaac Newton hätte man erwartet, dass die Bugwelle in sich zusammenfällt. Aber die etwa 50 Zentimeter hohe Welle rollte – wie von Geisterhand getrieben – den Kanal entlang weiter und entfernte sich mit etwa 15 Kilometern pro Stunde von dem Boot. Russell sprang auf ein Pferd und galoppierte der Welle nach, bis er sie aus den Augen verlor. In einem Wasserkanal in seinem Garten führte er später Experimente durch und kam zu dem Schluss, dass die rätselhafte Welle der Grund für den Wasserverlust der Schifffahrtskanäle war. Stiess die Welle nämlich gegen die Kanalwand, schwappte sie oft darüber hinaus. 1844 beschrieb Russell die Welle in einem Bericht an die British Association for the Advancement of Science. Doch während eines halben Jahrhunderts glaubte niemand dem Forscher, dass solche Wellen in der Natur existieren können, und Russells Entdeckung geriet in Vergessenheit.

Gegen Ende des 19. Jahrhunderts untersuchten zwei niederländische Mathematiker, Diederik Korteveg und sein Doktorand Gustav de Vries, eine Bewegungsgleichung, die seither nach ihnen benannt wird: die KdV-Gleichung. Die Gleichung beschreibt genau die von Russell entdeckte Welle. Im Prinzip können in einer gewöhnlichen Welle zwei Prozesse wirken. Entweder sie zerfliesst aufgrund von Reibung. Sie wird breiter, flacher und verschwindet am Ende ganz. Oder sie schaukelt sich infolge von Nichtlinearitäten auf. Der Kamm bewegt sich schneller vorwärts als die Basis, die Welle wird steiler, bis sie schliesslich bricht – so wie man das auch an Stränden beobachten kann. In beiden Fällen verändert sich ihre Form. Wirken jedoch beide Prozesse gleichzeitig, können sich die Effekte gegenseitig aufheben. Eine Welle entsteht, die sich unverändert fortbewegt: ein Soliton. Sie wird weder flacher noch steiler und sieht immer gleich aus wie am Anfang. Bis spät ins 20. Jahrhundert wusste allerdings immer noch niemand, ob Solitonen in der Natur tatsächlich vorkommen oder ob es sich nur um ein theoretisches Phänomen handelt.

1965 untersuchten die Amerikaner Martin Kruskal und Norman Zabusky den Energietransport in Kristallen. Bei numerischen Simulationen stiessen sie auf eine bemerkenswerte Welle. Es stellte sich heraus, dass sie von der KdV-Gleichung beschrieben wird. Die beiden Mathematiker kamen zu dem Schluss, dass Solitonen auch in der Natur auftreten können. Bei ihren Untersuchungen entdeckten sie weitere Überraschungen. Solitonen mit verschiedenen Geschwindigkeiten können sich überholen. Gegenläufige Solitonen können sich kreuzen, ohne sich zu stören; nach der Begegnung rollen sie unverändert weiter. Experimente in Wasserkanälen bestätigten Scott Russells Beobachtung und zeigten, dass Solitonen nicht nur in der Theorie überaus robust sind. Weder Felsen auf dem Grund noch Enten auf dem Wasser stören die rätselhaften Wellen.

In den 1980er-Jahren wurden mittels Satellitenbildern riesige Solitonen in Ozeanen nachgewiesen. Und auch in anderen Gebieten tauchten sie bald danach auf: als geologische Schockwellen, bei chemischen Reaktionen, im Energietransport in lebenden Organismen oder bei Wirbelstürmen in der Meteorologie. Eine viel versprechende Anwendung ergibt sich überraschenderweise in der Telekommunikation. Mittels optischer Solitonen kann Information ohne Verluste über Tausende von Kilometern transportiert werden. Transatlantische, faseroptische Kabel benutzen Solitonen zur Datenübermittlung.

Von Planeten und ihren (fast) stabilen Bahnen

Seit Isaac Newtons Erklärung der Schwerkraft und Johannes Keplers Berechnungen der Bewegung der Himmelskörper befürchten wir nicht, dass Erdkugel, Mars oder Venus eines Tages von ihren elliptischen Bahnen um die Sonne abweichen und eine andere Flugbahn nehmen. Wir betrachten es als selbstverständlich, dass unser Planetensystem auf alle Ewigkeit stabil bleibt. Aber könnte ein vorbeifliegender Komet nicht eines Tages eine Störung der Gravitationsfelder bewirken und die Planeten aus ihren gewohnten Umlaufbahnen werfen? Mitte des 20. Jahrhunderts lieferten drei Mathematiker eine Theorie der Stabilität, an deren Weiterentwicklung auch heute noch gearbeitet wird, die so genannte KAM-Theorie.

Als Kepler die elliptische Umlaufbahn des Mars berechnete, bemerkte er nicht, dass die Himmelsbewegung nicht genau einer Ellipse entsprach. Die Beobachtungsdaten, die er aus dem Nachlass seines Vorgängers Tycho Brahe erhalten – oder besser: entwendet – hatte, waren zwar die genauesten, die es damals gab, aber sie verbargen kleine Abweichungen.

Die Umlaufbahn ist nämlich nur fast oder, wie man sagt, quasi periodisch. Der Grund für die Abweichung von einer perfekten Ellipse ist, dass die Bahn eines Planeten nicht nur von der Schwerkraft der Sonne, sondern auch von der Gravitation aller anderen Himmelskörper beeinflusst wird. Im 19. Jahrhundert machten sich Mathematiker daran, die Bahnen von drei oder mehr Körpern zu berechnen, die sich gegenseitig beeinflussen. Sehr bald stellte sich dann heraus, dass das so genannte Dreikörperproblem nicht exakt lösbar ist.

In der Hoffnung, junge Kollegen für das Problem zu interessieren, schlug der schwedische Mathematiker Gösta Mittag-Leffler 1885 König Oskar II. von Schweden und Norwegen vor, für die Beantwortung der Frage einen Preis auszuschreiben. Zwei Jahre später wurden zwölf Arbeiten eingereicht. Doch keine brachte die Lösung.

Immerhin gelang es dem 31-jährigen Franzosen Henri Poincaré, eine Näherungslösung des Dreikörperproblems anzugeben. Offen blieb aber, ob die Bahnen wirklich stabil waren oder ob unter gewissen Umständen einer der Planeten ins All verschwinden könnte.

Obwohl das Problem nicht exakt gelöst war, sprach die Jury Poincaré den Preis zu, weil sie seine theoretischen Fortschritte für preiswürdig hielt. Der Wert von Poincarés Arbeit kann tatsächlich nicht überschätzt werden. Sie hat die Theorie dynamischer Systeme begründet, die insbesondere auch das heute als Chaostheorie bekannte Lehrgebäude umfasst. Obwohl die Untersuchung chaotischer Phänomene erst im letzten Viertel des 20. Jahrhunderts mit Hilfe von Computern richtig in Angriff genommen werden konnte, hatte Poincaré schon damals erkannt, dass auch minime Störungen enorme Wirkungen in einem System entfalten können. Ist das Sonnensystem also vielleicht doch nicht so stabil wie gedacht?

Diese Frage bleibt bis heute unbeantwortet – auch wenn im vergangenen halben Jahrhundert wichtige Fortschritte erzielt wurden. Beim Mathematikerkongress 1954 in Amsterdam referierte der Russe Andrei Nikolajewitsch Kolmogorow über die so genannte Störungstheorie exakt lösbarer Systeme.

Am Beispiel des Dreikörperproblems lässt sich diese Theorie besonders anschaulich erklären. Kolmogorow stellte die Frage, was mit der periodischen Umlaufbahn eines Planeten um eine Sonne geschieht, wenn ihm eine kleine Störung in die Quere kommt, zum Beispiel in Form eines Mondes. Seine Antwort war, dass viele, aber nicht alle Bahnen durch die Störung quasi periodisch werden können und somit stabil bleiben.

Als der frischgebackene Doktor der Mathematik Jürgen Moser in Göttingen auf Ersuchen eines Redaktors der «Mathematical Reviews» eine Zusammenfassung der Arbeit erstellen sollte, wurde er stutzig. Kolmogorows zentrale These schien ihm nicht bewiesen, und bis heute ist strittig, ob Kolmogorows Beweis vollständig ist. Auf alle Fälle arbeitete Moser mehrere Jahre lang an dem Problem, dann hatte er die seiner Meinung nach bestehende Lücke geschlossen. Der 1999 verstorbene Moser war lange Jahre Professor an der ETH und leitete von 1984 bis 1995 das Forschungsinstitut für Mathematik in Zürich.

Zur gleichen Zeit wie Moser tüftelte in Moskau auch Wladimir Igorewitsch Arnold, ein Student von Kolmogorow, an dem vertrackten Problem und lieferte wichtige Beiträge. Zu Ehren der drei Mathematiker Kolmogorow, Arnold und Moser wurde das neue Wissensgebäude nach ihren Initialen benannt: KAM-Theorie.

Trotz allen Fortschritten bleibt ein banges Gefühl zurück: Die Frage der Stabilität unseres aus neun – und nicht nur aus drei – Planeten bestehenden Sonnensystems ist bis auf den heutigen Tag nicht beantwortet.

Zufallszahlen sind aus der Informationstechnologie nicht wegzudenken. Sie werden vor allem bei Simulationen und bei der Verschlüsselung von Nachrichten im Internet benötigt. Man könnte meinen, dass es relativ einfach sein sollte, zufällige Zahlenfolgen aus dem Ärmel zu schütteln, doch handelt es sich bei der Generierung wirklicher Zufallszahlen um eine äusserst schwierige Aufgabe.

Bei der altbewährten Methode, eine Münze zu werfen, entstehen gleich zwei Probleme: Erstens ist das Ergebnis eines Münzwurfes nicht ganz zufällig, denn da die Methode den Gesetzen der klassischen Physik gehorchen muss, ist das Resultat nicht wirklich zufällig, sondern nur schwer vorherzusagen. Wären alle Parameter – wie zum Beispiel Grösse und Form der Münze, Geschwindigkeit und Rotation des Wurfes, Windrichtung usw. – genau bekannt, könnte man das Resultat im Prinzip berechnen. Zweitens ist diese Methode viel zu langsam, als dass sie für Simulationen benützt werden könnte, die oft Tausende von Zufallszahlen pro Sekunde benötigen.

Es wäre daher naheliegend, Zufallszahlen elektronisch zu generieren. Aber Computer können bloss Rechenbefehle ausführen, und eine gemäss vorgegebenen Regeln generierte Zahl beruht in irgendeiner – womöglich sehr komplizierten – Weise auf der vorhergehenden. Wenn der Algorithmus bekannt ist, können die Resultate auch hier vorhergesagt werden. Die Verwendung solcher deterministischen, bloss durch die Komplexität kaschierten Algorithmen zur Erzeugung von Pseudo-Zufallszahlen ist mit Gefahren verbunden. Wenn es sich herausstellen sollte, dass die zufällig wirkende Zahlenfolge so zufällig nicht ist, erbringen die darauf beruhenden Anwendungen nicht den gewünschten Effekt.

Im Gegensatz zu der klassischen Physik bietet die Quantenphysik dem Zufall einen Platz, denn das Verhalten von Elementarteilchen kann auch theoretisch nicht vorhergesagt werden. Eine Möglichkeit, Quanteneffekte für die Generierung von Zufallszahlen nutzbar zu machen, beruht auf dem Zerfall radioaktiven Materials. Für den individuellen Einsatz sind die benötigten Geräte jedoch viel zu gross, und unvermeidbare Strahlungsemissionen stellen ein Gesundheitsrisiko dar.

Die Genfer Firma id Quantique, deren Mitarbeitern es im Jahr 2002 als erstem Team der Welt gelang, einen kryptographischen Quantenschlüssel über eine Distanz von 67 Kilometern nach Lausanne zu übermitteln, scheint auf einen Schlag alle Probleme bei der Generierung von Zufallszahlen gelöst zu haben. Die von ihr vorgeschlagene Methode benützt Hardware statt Software, beruht auf Quanteneffekten und produziert in äusserst rascher Folge Zufallszahlen von perfekter Qualität. Die Genfer Firma machte sich Quanteneffekte des Lichts zunutze. Wird ein Photon auf einen halbtransparenten

Spiegel gefeuert, so kann das Lichtquant den Spiegel durchdringen, oder es wird reflektiert. Im einen Fall registriert ein Photonenzähler das Bit 0, im anderen das Bit 1. Da laut den Gesetzen der Quantenmechanik nicht vorhergesagt werden kann, welcher Fall eintritt, ist die Folge von Nullen und Einsen völlig zufällig.

Die Firma verpackte den Photonengenerator, den Spiegel und den Photonenzähler in ein 5 mal 3,5 mal 0,8 Zentimeter grosses Gerät, das direkt auf die Platine des Computers aufgesteckt oder als PCI-Karte in den entsprechenden Schacht eingeschoben werden kann. Es ist dann so, als ob sich ein Miniaturlaboratorium für Quantenmechanik im Computer befände. Das unter dem Namen Quantis auf den Markt gebrachte Gerät kann pro Sekunde 4 Millionen Nullen und Einsen erzeugen, was pro Stunde – auch nachdem drei Viertel der generierten Bits einer Art Qualitätskontrolle zum Opfer gefallen sind – die Generierung von etwa einer Milliarde Zufallsziffern zwischen 0 und 9 erlaubt. Um die Methode der Öffentlichkeit vorzustellen, hat id Quantique zusammen mit der Universität Genf eine Website eingerichtet, von der wirklich zufällige Zufallszahlen heruntergeladen werden können (www.randomnumbers.info).

Grenzen der Speichergeschwindigkeit

Die Maxime citius, altius, fortius der sportlichen alten Römer gilt auch in der Computertechnik. Die Industrie ist geprägt von dem Bestreben, immer leistungsstärkere und schnellere Hardware herzustellen. Das viel zitierte Mooresche Gesetz, laut dem sich die Geschwindigkeit der Prozessoren alle 18 Monate verdoppelt, gilt in gewissen Abwandlungen auch für andere Eigenschaften im Computerwesen. So erlaubten magnetische Medien bisher eine immer dichtere Speicherung und boten immer schnellere Schreib- und Lesegeschwindigkeiten. Aber den Fortschritten sind physikalische Grenzen gesetzt. Verbesserungen jenseits dieser Grenzen bedingen Paradigmenwechsel.

Noch vor einigen Jahren schien es, als ob etwaige Grenzen so weit entfernt sind, dass man sie getrost ignorieren dürfe. Inzwischen ist die Technik aber fortgeschritten, und die Grenzen rücken unaufhörlich näher. Eine Forschergruppe der Stanford University, des Landau-Instituts für theoretische Physik in Moskau und des Festplattenherstellers Seagate hat in einem Experiment, dessen Resultate in der wissenschaftlichen Zeitschrift «Nature» veröffentlicht wurden, gezeigt, dass die höchstmögliche Schreibgeschwindigkeit für die jetzt gebräuchlichen Festplatten in nicht zu ferner Zukunft erreicht sein wird. Bits werden gespeichert, indem die Polarisierung eines magnetischen Mediums verändert wird. In der einen Richtung entspricht die Polarisierung einer Null, in der anderen Richtung einer Eins. Im Computer geschieht die Umpolung, indem elektrischer Strom durch einen Schreibkopf gesandt wird, der über der mit bis zu 250 Umdrehungen pro Sekunde rotierenden Festplatte schwebt. Die Platte ist mit magnetischem Material beschichtet, das bei den Stromstössen in einem engen Gebiet seine Polarisierung ändert. Je schneller das Material auf die Stromstösse reagieren kann, desto höher ist die potenzielle Schreibgeschwindigkeit.

Die Forschergruppe benützte den drei Kilometer langen Teilchenbeschleuniger Stanford Linear Accelerator (Slac), um die kürzesten und stärksten magnetischen Elektronenpulse zu produzieren, die weltweit erzeugt werden können. Die Pulse, die fast mit Lichtgeschwindigkeit auf einen magnetisierten Film geschossen wurden, dauerten 2,3 Picosekunden (eine Picosekunde = eine billionstel Sekunde). Beim Durchschlag der Elektronen veränderte der Film in der Nähe des Durchschusspunktes seine Polarisierung. Das Experiment bestand darin, sieben aufeinander folgende Elektronenpulse im Abstand von einer Sekunde auf den Film zu schiessen. Nach jedem Einschlag wurde die Magnetisierung der Oberfläche fotografisch registriert, wobei die Polarisierung in der einen Richtung weiss, in der anderen Richtung schwarz dargestellt wurde.

Wie die Forscher erwartet hatten, waren die Umpolungen bei solch kurzzeitigen Pulsen nicht sauber. Zwar änderte der Film in der Nähe des Einschlagpunktes anfänglich nach jedem Beschuss die Farbe (Polarisierung), doch die Region, in der die Umpolung sichtbar wurde, wurde immer enger. Die restliche Region wurde immer grauer. Dies zeigte, dass bei den extrem kurzzeitigen Beschüssen bloss ein Teil des magnetischen Materials umgepolt wurde. Schon nach sieben Pulsen waren schwarze und weisse Regionen von dem vorherrschenden Grau fast nicht mehr zu unterscheiden. Der Grund für das Phänomen ist – so nehmen die Forscher an –, dass bei so hohen Umpolungsgeschwindigkeiten thermische Prozesse im magnetischen Material ein Chaos bewirken.

Für die Computertechnologie ist das Resultat des Experiments vorläufig noch nicht von Bedeutung. Die schnellsten heutigen Festplatten können etwa 1 Milliarde Bits pro Sekunde speichern. Das Resultat des Stanford-Experiments besagt, dass immer noch eine Vertausendfachung der Geschwindigkeiten möglich ist. Noch bevor diese Grenze erreicht ist, sind andere Beschränkungen zu erwarten. Zum Beispiel hängt die Dichte der Speichermedien von der kleinsten Region ab, die umgepolt werden muss. Heute benötigt ein Bit mindestens zehn Millionen Atome. Diese Zahl kann nur noch um wenige Grössenordnungen verkleinert werden, bevor thermische Prozesse auch da eine Rolle spielen.

Smarties im Rütteltest

Wenn Kugeln unter Schütteln und Rütteln in einen Behälter gegossen werden, füllen sie etwa 64 Prozent des Volumens. Dieser Wert weicht deutlich von der dichtesten Kugelpackung ab. Ordnet man Kugeln nämlich in einem hexagonalen Gitter an, so füllen sie 74 Prozent des Volumens. Wie Forscher von der Princeton University nun auf experimentellem Weg festgestellt haben, kann eine fast ebenso hohe Packungsdichte auch durch zufällige Lagerungen erreicht werden – vorausgesetzt, man verwendet anders geformte Objekte. Smarties (also gestauchte Kugeln) füllen im ungeordneten Zustand 71 Prozent und Objekte mit drei verschieden langen Körperachsen sogar 73,5 Prozent des Volumens. Von Belang ist dieses Resultat unter anderem für Wissenschafter, die sich mit Pulvern und anderen granularen Materialien beschäftigen. Das Resultat zeigt nämlich, wie sich mit einfachen Mitteln die Dichte solcher Materialien steigern lässt. Als Ausgangsmaterial, so die Empfehlung, sollte man Partikel mit einer ellipsenförmigen Gestalt wählen.

Bei der Lagerung werden Partikel mechanisch stabilisiert; denn bloss festgeklemmte Partikel ergeben eine starre Packung. Massgebend für die Lagerungsdichte ist die durchschnittliche Anzahl der Berührungen der Partikel mit ihren Nachbarn. Es wird vermutet, dass die Partikel eines reibungsfreien Systems zur starren Packung doppelt so viele Berührungspunkte wie Freiheitsgrade haben müssen. Nach dieser Hypothese benötigen Kugeln zur starren Lagerung sechs Nachbarn, da sie in drei Dimensionen verschoben werden können und somit drei Freiheitsgrade besitzen. Smarties können zusätzlich um zwei Körperachsen rotieren. Somit besitzen sie fünf Freiheitsgrade und benötigen zu ihrer Fixierung zehn berührende Nachbarn. Die grössere Anzahl von Nachbarn bedeutet, dass eine stabile Smarties-Packung dichter ist als eine Kugelpackung.

Um diese Hypothese zu untermauern, gingen die Forscher streng wissenschaftlich vor: Sie zählten die Abdrücke in den Hüllen der Smarties, die die Nachbarn hinterlassen hatten, und kamen auf eine durchschnittliche Kontaktzahl von 9,82. (Zur Absicherung dieses Resultats betrachteten sie die gelagerten Dragées auch noch mit einem Kernspintomographen.) Diese Zahl liegt sehr nahe an der theoretisch vorhergesagten Kontaktzahl von 10, die zur Stabilisierung einer Packung von Objekten mit fünf Freiheitsgraden nötig ist, und erklärt die dichtere Packung der Smarties im Vergleich zu den Kugeln.

Von Netzen und Knoten

Minimale Massnahmen mit maximaler Wirkung

Netzwerke sind im täglichen Leben überall anzutreffen, zum Beispiel in Form von Tram- und Geschäftsverbindungen, in der Organisationsstruktur von Terrororganisationen oder den Ausbreitungswegen von Infektionskrankheiten. Manche Netzwerke sind für Störungen sehr anfällig, andere sind sogar gegen konzertierte Angriffe resistent. Ein internationales Team von Physikern hat nun die mathematische Struktur von Netzwerken analysiert und festgestellt, dass es meist auch bei ungenauer Kenntnis eines Netzwerkes genügt, einen Bruchteil der Knoten auszulöschen, um das gesamte Netz lahmzulegen.

Wenn die Haltestellen am Hauptbahnhof oder am Bellevue wegen eines Betriebsschadens ausfallen würden, wäre der Trambetrieb in grossen Teilen der Zürcher Innenstadt lahmgelegt. Ebenso könnte durch die Ausschaltung weniger, aber wichtiger Bankhäuser der weltweite Zahlungsverkehr und Handel zeitweilig paralysiert werden. Anders ist es im Internet. Der Ausfall eines Netzwerkcomputers oder einer Webseite würde den E-Mail- oder Browser-Verkehr kaum tangieren, denn von jedem Knoten zu jedem anderen gibt es verschiedene Ausweichrouten. Dies bedeutet, dass es für Bösewichte leichter wäre, den Zürcher Trambetrieb auszuschalten als das Internet.

Aber nicht jedermann, der ein Netzwerk zerstören will, ist ein Krimineller. Epidemiologen suchen zum Beispiel nach wirksamen Impfstrategien zur Eindämmung ansteckender Krankheiten. Offensichtlich besitzen Schulkinder mehr Kontakte zu Kollegen und tragen somit mehr zur Ausbreitung ansteckender Krankheiten bei als alte Leute, die für Krankheiten zwar anfälliger sind, aber weniger Sozialkontakte haben. Aber welche Strategie zur Zerstörung eines Netzes soll angewendet werden, wenn dessen Struktur nicht oder nur ungenau bekannt ist?

Die wichtigste Charakteristik eines Netzwerks ist die statistische Verteilung der Knoten, von denen eine gewisse Anzahl von Verbindungen zu anderen Knoten ausgeht. Es ist bekannt, dass die meisten Netzwerke einem so genannten Potenzgesetz gehorchen: Die Anzahl der Knoten mit n Verbindungen steht in umgekehrtem Verhältnis zu n hoch einer gewissen Potenz, die meist zwischen 2 und 3 liegt. Solche Netzwerke können nicht einfach durch die Angabe einer typischen Anzahl von Verbindungen pro Knoten charakterisiert werden (wie beispielsweise das Netzwerk von Strassen zwischen Ortschaften) und werden daher skalenfrei genannt.

Die Forscher von den Universitäten in Thessaloniki, Giessen und Ramat Gan untersuchten, wie die Toleranz eines Netzwerks von seiner Topologie abhängt. Ist die Struktur eines skalenfreien Netzwerks vollständig bekannt, so würde es zu seiner Zerstörung genügen, die sieben

Prozent der Knoten lahmzulegen, die die meisten Verbindungen besitzen. Aber auch, wenn man die Struktur des Netzwerkes nicht kennt, muss man nicht alle Knoten ausser Kraft setzen. Es reicht, einen gewissen Prozentsatz jener Knoten auszuschalten, von denen man vermutet, dass von ihnen die meisten Verbindungen ausgehen. Wie gross dieser Prozentsatz ist, hängt zum einen vom jeweiligen Exponenten des Potenzgesetzes ab und zum anderen davon, wie gut die stark vernetzten Knoten gegen Angriffe geschützt sind.

Im Falle einer drohenden Epidemie, so haben die Forscher berechnet, müssten bloss die 25 Prozent der Menschen geimpft werden, von denen vermutet wird, dass sie die meisten Sozialkontakte besitzen. Und auch Terrororganisationen könnten ausser Funktion gesetzt werden, wenn nur ein Viertel der Verdächtigen dingfest gemacht wird.

Organisationsprinzipien in komplexen Netzwerken

Die Verbindungen zwischen Knotenpunkten in grossen Netzwerken können viele Formen annehmen. Es überrascht daher, dass in realen Netzwerken wie dem World Wide Web oder dem Nervensystem bestimmte Verknüpfungsmuster häufiger auftreten als in zufällig angeordneten Netzwerken. Der Molekularbiologe Uri Alon vom Weizmann-Institut in Israel vermutet, dass diese Muster gehäuft vorkommen, weil sie eine grundlegende Rolle in der Natur spielen. Auch wenn man die Funktion der Muster im Einzelnen noch nicht kennt, könnten sie bei der Klassifizierung von Netzwerken helfen.

Alon und seine Mitarbeiter entwickelten einen Algorithmus zur Identifizierung von häufig vorkommenden Mustern und fanden in allen untersuchten Netzwerken eine Handvoll «Motive», die für das jeweilige Netzwerk charakteristisch sind. Zum Beispiel entdeckten sie, dass in Nahrungsnetzwerken in Ökosystemen Dreierketten vorherrschen (X frisst Y, Y frisst Z, aber X frisst im Allgemeinen nicht Z), während sich in neuronalen Netzen so genannte Aufschaltschleifen statistisch häufen (X löst Y aus, Y löst Z aus, und X löst auch Z aus). Im World Wide Web dominieren Feedback-Schleifen (X ist mit Y verknüpft, Y mit Z und Z mit X), «Dyaden» (X und Y sind gegenseitig verknüpft und weisen beide gegen Z) sowie «Triaden» (X, Y und Z sind gegenseitig verknüpft). Diese drei Motive treten im WWW 12- bis 130-mal häufiger auf als in simulierten Webs.

Die auftretenden Motive sind in verschiedenen Verkörperungen der gleichen Netzwerke (also etwa den Nervensystemen von verschiedenen Organismen) identisch, unterscheiden sich aber im Allgemeinen von den Motiven in anders gearteten Netzwerken. Zum Beispiel wurden Dreierketten in fünf verschiedenen Ökosystemen gefunden. In neuronalen Netzen und anderen Netzwerken traten sie jedoch weit weniger häufig auf. Allerdings stimmt dies in zwei bemerkenswerten Fällen nicht: In biochemischen Netzwerken, die die Expression von Genen regulieren, und in neuronalen Netzen fanden die Wissenschafter die gleichen Motive vor, obwohl die beiden Netzwerke grundverschieden sind.

Eine Gemeinsamkeit haben diese beiden Netzwerke allerdings: Es handelt sich um Systeme, in denen Signale (sensorischer oder biochemischer Natur) verarbeitet werden. Alon und seine Mitarbeiter vermuten, dass solche informationsverarbeitende Systeme ähnliche Strategien anwenden, auch wenn sie nicht der gleichen Netzwerk-Kategorie angehören. So könnte die Funktion der in beiden Netzwerken gehäuft auftretenden Auflaufschleifen etwa darin bestehen, Störsignale zu filtern. Das könnte bedeuten, dass gewisse Motive als grundlegende Bausteine für den Entwurf und die Konstruktion ganzer Klassen von Netzwerken dienen. Sollte sich diese These erhärten, liessen sich Netzwerke aufgrund der in ihnen erscheinenden Motive klassifizieren. Dies wiederum würde es gestatten, ein Netzwerk zu analysieren, indem ein anderes aus der gleichen Klasse untersucht wird. Zum Beispiel könnte man gewisse Aspekte des Nervensystems verstehen lernen, indem man das leichter zugängliche genetische Regulationssystem studiert.

Von der Ungleichheit der Knoten im Netzwerk

Der April jedes Jahres ist in den Vereinigten Staaten zum Monat der Mathematik erklärt worden. Thema des «Mathematical Awareness Month» 2004 war die Mathematik der Netzwerke, die zu einem neuen Modethema der Wissenschaft geworden sind. Immer wenn es um so genannte Knotenpunkte und um Verbindungen zwischen ihnen geht, hat man ein Netzwerk vor sich: das World Wide Web, Abwasserkanäle, das menschliche Gehirn, Strassenverbindungen oder Freundeskreise.

Typische Fragen, die Mathematiker an Netzwerke stellen, sind beispielsweise, ob man von jedem Knoten zu jedem anderen gelangen kann. Und falls ja, wie geht das am schnellsten? Wie kann die Struktur eines sozialen Netzes für eine Impfstrategie zur Eindämmung einer Epidemie – zum Beispiel Aids – ausgenützt werden?

Die hierarchischen Strukturen des Militärs oder von Firmen stellen einfache Netzwerke dar. Will man einen Mitarbeiter erreichen, geht man die Hierarchieleiter hinauf und auf der anderen Seite wieder hinunter. Zwar ist das nicht unbedingt die kürzeste Verbindung zum Kollegen im Nachbarbüro, aber der Dienstweg bleibt gewahrt, und jeder ist von jedem erreichbar. Schwieriger wird es, wenn man so rasch wie möglich mit dem Tram vom Zürcher Zoo zum Opernhaus möchte. Soll man einmal umsteigen, am Paradeplatz, um den ergatterten Sitzplatz so lange wie möglich zu behalten, oder zweimal, bei der Kirche Fluntern und am Bellevue, um die Zahl der Stationen zu minimieren?

Von Interesse ist auch die Belastbarkeit von Netzwerken. Wird das ganze Transportsystem der Stadt lahmgelegt, wenn ein Tram zwischen Bellevue und Bürkliplatz entgleist? Bricht das Internet zusammen, wenn der Server einer Universität aussetzt? Der Stromausfall in Italien im Jahr 2003 hat gezeigt, zu welchen lawinenartigen Konsequenzen der Ausfall einer einzigen Hochspannungsleitung führen kann. Andererseits kann ein wenig belastbares Netz durchaus auch Vorteile haben. Unter Umständen kann eine Epidemie ohne Impfung der gesamten Bevölkerung gestoppt werden, indem nur wenige, entscheidende Individuen geimpft werden. Und der Ausgang einer politischen Wahl kann manchmal durch die Beeinflussung einiger weniger, aber einflussreicher Meinungsbildner entschieden werden.

Mitte des 20. Jahrhunderts untersuchten die ungarischen Mathematiker Paul Erdös und Alfred Rényi, wie Netzwerke wachsen, wenn Verbindungen zwischen Knotenpunkten nach dem Zufallsprinzip entstehen. Sie kamen zu dem Ergebnis, dass die Anzahl der Verbindungen zwischen Knoten der bekannten Glockenkurven-Verteilung folgt: wenige Knoten mit wenigen Verbindungen, viele Knoten mit durchschnittlich vielen Verbindungen und dann wieder wenige Knoten mit vielen Verbindungen.

Zu der Zeit, da die beiden ungarischen Mathematiker arbeiteten, konnten nur Netzwerke mit einigen Dutzend bis einigen Hundert Knotenpunkten analysiert werden. Diese konnten grafisch dargestellt und untersucht werden, denn kritische Knoten und Verbindungen waren oft mit blossem Auge erkennbar. Mit dem Aufkommen schneller Computer nahm die mathematische Behandlung von Netzwerken eine neue Richtung. Netzwerke mit Millionen von Knoten und noch mehr Verbindungen wurden in Computer gefüttert und statistisch erfasst. Und da stellte sich heraus, dass die Ergebnisse von Erdös und Rényi nicht den wahren Verhältnissen entsprachen. Typische Netzwerke in den verschiedensten Fachbereichen weisen meist viele Knoten mit wenigen Verbindungen auf und wenige Knoten – so genannte Hubs – mit sehr vielen Verbindungen. Im Bahnverkehr zum Beispiel sind das die grossen Umsteigebahnhöfe, in sozialen Netzen die so genannten «Opinion Leader».

Das Phänomen beruht auf der aus der Ökonomie bekannten Beobachtung, dass die Reichen reicher werden und die Armen ärmer. Es führt dazu, dass Knoten mit vielen Verknüpfungen noch mehr Verbindungen erhalten. Der Effekt ist typisch für das so genannte «Kleine-Welt-Netzwerk». Es basiert auf einem berühmten Experiment des Soziologen Stanley Milgram, der in den 1960er-Jahren zeigte, dass zwei beliebige, einander unbekannte Menschen irgendwo auf der Welt meist durch nicht mehr als sechs Bekanntschaftsgrade getrennt sind, das heisst, dass nur sechs Schritte von einem Bekannten zum nächsten notwendig sind, um zwei Menschen miteinander zu verknüpfen. Eine ähnliche Untersuchung des World Wide Web zeigte, dass man sich im Allgemeinen von jeder beliebigen Website mit nicht mehr als 19 Mausklicks zu jeder anderen Website durchklicken kann.

Und da wir schon beim Internet sind, so stellt sich die Frage, wie man in dem weit verzweigten Netz am schnellsten die gesuchte Information findet oder wie man sich die Struktur des WWW zunutze machen kann, um die Spreu vom Weizen zu trennen. Zwei Doktoranden der Stanford University, Sergey Brin und Larry Page, entwickelten einen Algorithmus, der auf der Idee basierte, dass eine Website wichtige Informationen enthält, wenn die Links vieler anderer wichtiger Websites auf sie verweisen. Ihre Doktorate beendeten die beiden nicht, aber die Idee machte sie zu Millionären. Die von ihnen entwickelte Suchmaschine Google wird weltweit täglich 200 Millionen Mal benutzt.

Der Computer als Hilfsmittel

Die Tücke der Lücke

Eine neuartige Methode zur Wiederherstellung beschädigter, unscharfer oder teilweise verdeckter Bilder und Fotografien orientiert sich an der seit dem frühen 18. Jahrhundert verwendeten mathematischen Theorie der Flüssigkeitsdynamik. Lücken in fehlerhaften Bildern auszufüllen, ist viel schwieriger als das Entfernen von Rauschen, für das es Techniken gibt, die schon auf eine längere Tradition zurückblicken können. Während nämlich die Pixel verrauschter Bilder sowohl die wahre Information wie auch die Störungen enthalten, sind Lücken durch das völlige Fehlen irgendwelcher Information charakterisiert. Die Lücken in einem Bild müssen neu gezeichnet und mit Farbe gefüllt werden, wobei die Ränder der beschädigten Stellen die einzigen Anhaltspunkte für die weitere Arbeit geben. Eine neue und viel versprechende Technik, die von dem aus Uruguay stammenden, am israelischen Technion ausgebildeten Ingenieur Guilliermo Sapiro entwickelt wurde, nennt sich «Inpainting» (Einmalen).

Bei seiner Suche nach einer computerisierten Methode zur Wiederherstellung defekter Bilder verbrachte der an der University of Minnesota wirkende Assistenzprofessor lange Stunden mit der Beobachtung professioneller Restauratoren. Diese Fachleute trugen in oft monatelanger Arbeit Farbe auf defekte Gemälde auf. Bei jedem Pinselstrich mussten sie entscheiden, wie ein Farbton vom Rand der defekten Stelle ins Innere weitergezogen werden soll, ob die Intensität der Kolorierung zu- oder abnehmen soll, wie die Textur aussehen muss. Dann versuchte Sapiro, die Arbeit der Experten mit Computern zu simulieren. Grundelemente seiner Algorithmen waren die so genannten Isophot-Linien eines Gemäldes oder einer Fotografie. Das sind imaginäre Linien, die Punkte mit der gleichen Lichtintensität miteinander verbinden. Das Problem des Inpainting besteht darin, die Isophot-Linien und auch die Variationen der Farbintensität auf beiden Seiten solcher Linien vom Rand der Lücke ins Innere weiterzuführen. Frühere Methoden versuchten einfach, die Farbvariationen in der Lücke zu minimieren, was zu Isophot-Linien führte, die gradlinig durch die Lücke hindurchliefen. Solange die Lücken klein waren, lieferten solche Methoden brauchbare Ergebnisse, bei grossflächigeren Zwischenräumen wurden die Korrekturen zu grob. Sapiro erkannte, dass es für feinere Revisionen so genannter «partieller Differenzialgleichungen» bedurfte. Diese Gleichungen, die in allen Bereichen der Physik Anwendung finden, setzen Geschwindigkeiten, Beschleunigungen und Richtungen von Variablen in Relation zueinander. Beim Füllen von Bilderlücken werden die Variablen durch die Veränderungen der Farbintensitäten dargestellt.

Im Laufe seiner Arbeit wurde Sapiro auf Forschungsresultate von Andrea Bertozzi aufmerksam, die an der

Duke University an Problemen aus der Flüssigkeitsdynamik arbeitete. Für ihre Forschung benützte sie die seit 1821 bekannten partiellen Differenzialgleichungen von Navier-Stokes, mit denen der Einfluss eines Drucks auf die Strömungsgeschwindigkeit von Flüssigkeiten ausgedrückt wird. Wie sich herausstellte, weisen Veränderungen in den Farben eines Bilds und das Verhalten von Flüssigkeiten überraschende Ähnlichkeiten auf. Zum Beispiel können die Unregelmässigkeiten der Farben mit Wirbeln von Flüssigkeit gleichgesetzt werden. Sobald die Ähnlichkeiten offenbar geworden waren, konnten Sapiro und Bertozzi mit ihrem Kollegen Marcelo Bertalmio aus Barcelona bei den Arbeiten zur Wiederherstellung fehlerhafter Bilder auf bekannte Verfahren der Flüssigkeitsdynamik zurückgreifen.

Nachdem die Forscher die Navier-Stokes-Gleichungen mit unzähligen Kombinationen von Variablen – Farbe, Form, Linien, Schatten, Textur, Geometrie – ausprobiert hatten, fanden sie einen Algorithmus, der Erfolg versprach. Der wichtigste Vorteil des Algorithmus ist, dass das Verfahren schnell und automatisch vor sich geht. Der Benützer muss nur die Lücke bezeichnen, und der Algorithmus benützt die Information aus einem Band am Rand der Lücke, um das Innere der Lücke einzumalen. Zwar ist das Verfahren noch nicht perfekt; um ein Meisterwerk zu restaurieren, muss immer noch ein Mensch die wahren Intentionen des Künstlers interpretieren.

Nun zeigte plötzlich ein unerwarteter Arbeitgeber Interesse an den Forschungsarbeiten: die US Navy. Sie will die Arbeit der drei Forscher fortan finanziell unterstützen, weil sie an der Wiederherstellung unvollständiger Bilder der Satelliten- und Luftüberwachung interessiert ist. Bilderlücken können zum Beispiel durch Schwierigkeiten bei der Übermittlung oder durch die Verdeckung des Bodens durch Wolken entstehen. Die Inpainting-Methode erlaubt es auch, Bandbreite zu sparen, indem bei der Versendung eines Bildes nur dessen Konturen übermittelt werden. Der Empfänger würde das Verfahren anwenden, um die fehlenden Stellen einzumalen.

Dreidimensionale Gesichtserkennung

Während sich Neurowissenschafter noch darüber streiten, ob ein lokalisierter Teil des Gehirns für die Erkennung von Gesichtern verantwortlich ist oder ob die Fähigkeit zur Begrüssung von Bekannten auf der Strasse angelernt ist, haben Wissenschafter am Technion in Israel begonnen, ein Gerät zu entwickeln, das genau dies tut. Ron Kimmel und Asi Elad von der Abteilung für Computerwissenschaften benutzten eine mathematische Methode aus der Topologie zur Messung der Distanz zwischen Referenzpunkten auf der Gesichtsoberfläche. Dabei wurden die Antlitze als dreidimensionale Gebilde gespeichert und die Distanzen als gerade Linien zu einem Netz verbunden. Ebenso wie ein Fingerabdruck ist dieses Netz, das die Forscher die «Signatur des Gesichts» nennen, für jeden Menschen einzigartig. Das Besondere an dem Algorithmus ist, dass kleine Deformierungen wie beim Verziehen des Gesichts auf die gemessenen Distanzen keinen Einfluss haben. Schliesslich bleibt die Haut zwischen Nasenspitze und Ohrläppchen gleich lang, auch wenn wir lächeln. – Zur kommerziellen Anwendung fehlten aber noch die Hardware sowie ein Test, der zeigen würde, ob sich die Methode überhaupt umsetzen lässt. Der Professor bot das 22-jährige Zwillingspaar Alex und

Michael Bronstein auf, das bei ihm einen Kurs in Computerwissenschaft besuchte. Kimmel stellte den beiden eineiigen Zwillingen eine Herausforderung: Falls sie ein Gerät entwickelten, das sie auseinander halten könne, würden sie in seinem Kurs die Bestnote erhalten.

Zusammen mit dem Ingenieur Eyal Gordon machten sich die beiden an die Arbeit. Sie bauten den Prototyp eines Gerätes, das ein Lichtmuster auf das Gesicht projiziert und die Daten der Referenzpunkte einliest. Dann berechnet ein Algorithmus die Signatur des Gesichts und vergleicht sie mit anderen Signaturen. Das Gerät funktionierte besser als erwartet. Es konnte die Zwillinge sogar bei unterschiedlichen Lichtbedingungen und in verschiedenen Stellungen identifizieren. Die Technologie ist zum Patent angemeldet. Anwendungen sehen die Entwickler überall dort, wo Menschen identifiziert werden müssen. Alex und Michael erhielten übrigens die Bestnote.

Pieter und Pietro im Parameterraum

Hoch qualifizierte Kunstkenner, die sich jahrelang intensiv mit dem Werk eines Künstlers auseinander gesetzt haben, können oft auf den ersten Blick erkennen, ob es sich bei dem fraglichen Werk um ein Original oder um eine Imitation handelt. Der charakteristische Pinselstrich, die typische Farbkombination, die spezifische Anordnung der Elemente geben Hinweise auf die Urheberschaft eines Gemäldes. Aber auch ein Connaisseur irrt gelegentlich und kann mit einer letztlich subjektiven Meinung falsch liegen. Deshalb bemüht sich die Kunstwissenschaft auch um naturwissenschaftliche Methoden. Zum Beispiel können mittels Röntgenbestrahlung etwaige früher angefertigte, unter dem Gemälde liegende Skizzen sichtbar gemacht werden, die Messung der Radioaktivität kann zur Datierung des Bleigehalts der Pigmente herangezogen werden, die Karbon-Analyse zur Datierung antiker Funde, die DNS-Untersuchungen zur Klassifizierung von Pergamenten.

Mit dem Aufkommen immer schnellerer Elektronenrechner sind auch Computerwissenschafter aufgerufen, einen Beitrag zur Authentifizierung von Kunstwerken zu leisten. Im Herbst 2004 haben drei Mathematiker und Computerwissenschafter vom Dartmouth College in den

«Proceedings of the National Academy of Sciences of the United States» eine weitere Methode vorgestellt, mit der Gemälde auf ihre Urheberschaft analysiert werden können. Sie benützten die so genannte Wavelet-Analyse, die auch in der Bildkompression als Alternative zur JPEG-Kompression oder in der Signaltechnik zur Unterdrückung von Rauschen Verwendung findet. (Dabei wird ein Signal in Komponenten zerlegt, deren Auflösung der Feinheit des ursprünglichen Signals angepasst ist.)

Um Gemälde laut der vorgeschlagenen Methode zu authentifizieren, müssen sie in einem mehrstufigen Prozess analysiert und mit Werken verglichen werden, deren Urheberschaft schon bekannt ist. Dazu werden die Gemälde fotografiert, die Ablichtungen gescannt, die zentralen Regionen in Grautöne übertragen. Diese Zonen werden in Dutzende oder sogar Hunderte von Quadraten mit je 256 Pixel Seitenlänge aufgeteilt, die dann der Wavelet-Analyse unterzogen werden. Mittels der Analyse werden 72 charakteristische Parameter aus den Gemälden herausfiltriert und festgehalten. Schliesslich wird in dem 72-dimensionalen Parameterraum die «Distanz» zwischen dem zu authentifizierenden und den schon zugeordneten Gemälden berechnet.

Die Annahme ist, dass Kunstwerke ein und desselben Meisters in dem Parameterraum näher beieinander liegen als solche von anderen Künstlern. Zur Bestätigung dieser These analysierten die Wissenschafter Farid, Lyu und Rockmore 13 Bilder, die einst Pieter Bruegel d. Ä. zugeschrieben wurden, von denen sich aber im Laufe der Jahre herausstellte, dass fünf von Imitatoren stammten.

Mit der vorgeschlagenen Methode konnten die Wissenschafter erfolgreich zwischen den Originalen und den Imitationen unterscheiden: Die Originale lagen im Parameterraum bedeutend enger beieinander als die Imitationen.

In einem zweiten Test unterzogen die Forscher ein Gemälde des Renaissancemalers Pietro di Cristoforo Vannucci, genannt Perugino, ihrer Analyse. In dem Bild «Madonna mit Kind» sind die Madonna, das Kind Jesus sowie vier weitere Gestalten dargestellt. Experten sind sicher, dass das Bild zwar aus der Werkstatt des Renaissancemeisters stammt, vermuteten aber, dass nicht nur er, sondern auch Gesellen an dem Bild gearbeitet hatten. Farid und seine Mitarbeiter konnten dies mit ihrer Methode bestätigen. Sie stellten fest, dass mindestens vier Maler an dem Werk beteiligt waren, denn im Parameterraum lagen die Porträts der Madonna und der beiden linken Gestalten nahe beieinander, während sich die anderen drei Porträts – jedes für sich – weit entfernt befanden. Die Schlussfolgerung war, dass die ersten drei Köpfe von einem Künstler gemalt wurden, während Jesus und die beiden anderen Gesichter von je einem anderen Maler stammen.

Noch ist es zu früh, als dass sich Sachverständige gänzlich auf die Wavelet-Analyse verlassen könnten. Aber Farid, der sich in der Vergangenheit schon auf dem Gebiet der forensischen Analyse digitaler Bilder einen Namen gemacht hat, meint, dass die vorgeschlagene Methode als quantitatives Hilfsmittel für die eher qualitativ arbeitenden Kunstexperten durchaus ihre Berechtigung finden werde.

E-Mails verraten Hierarchien

Nicht immer spiegelt die offizielle Hierarchie einer Institution die wahren organisatorischen Verhältnisse. Innerhalb einer Firma entstehen manchmal spontan departementsübergreifende Arbeitsgruppen, und Verbrechersyndikate veröffentlichen ihre Organigramme schon gar nicht. Oft ist es jedoch von Interesse, die Zusammensetzung informeller Gruppierungen auszumachen oder den Kopf eines Terroristennetzes zu identifizieren. Im Allgemeinen werden solche Studien mittels arbeitsintensiver Interviews und Fragebögen beziehungsweise langwieriger Ermittlungen bewerkstelligt. Im Frühjahr 2003 präsentierten US-Forscher aber eine weit effizientere und automatisierbare Methode zur Aufdeckung verborgener Seilschaften. Sie zeigten, dass die E-Mails, die sich Mitglieder solcher Gruppen gegenseitig zuschicken, als Anhaltspunkte zur Entdeckung versteckter Organigramme dienen können. Die Methode wurde von Joshua Tyler, Dennis Wilkinson und Bernardo Huberman von der Firma Hewlett-Packard entwickelt. Dabei diente ihnen das Forschungszentrum ihres Arbeitgebers in Palo Alto, Kalifornien, als Labor. Versuchskaninchen waren die 485 Kollegen. Aus Gründen der Vertraulichkeit wurden nur Mails analysiert, die innerhalb der Firma verschickt wurden. Während des zweimonatigen Beobachtungszeitraums wurden ungefähr 200 000 Mails verschickt.

Die Forscher stellten die Verbindungen zwischen den Mitarbeitern als Netz dar. Die 485 Mitarbeiter waren die Knoten, und die Verbindungen zwischen je zwei Mitarbeitern, die sich während des Beobachtungszeitraums mindestens 30 E-Mails zugeschickt hatten, waren die Stränge. Das Problem bestand nun darin, die vielen tausend Stränge in separate Unternetze zu teilen. Dazu betrachteten die Forscher das E-Mail-Netz als ein riesiges Strassennetz. In einem ersten Schritt mussten die kürzesten Wege von jedem Haus zu jedem anderen Haus gesucht werden. In einem zweiten Schritt wurden die Routen analysiert. Strassen, die vielen Autofahrern als Durchlaufstrecke dienen, sind im Allgemeinen Überlandstrassen. Diese verbinden zwar Ortschaften, gehören aber nicht zu ihnen. Werden sie aus dem Strassennetz entfernt, bleiben nur abgetrennte Inseln mit den Dorfstrassen und den innerhalb des Dorfes liegenden Häusern übrig.

Das Gleiche taten die drei Forscher mit dem E-Mail-Netz. Auf solche Weise konnten die Wissenschafter im HP-Labor 66 Gruppen mit zwischen 2 und 57 Mitgliedern identifizieren. In einem weiteren Schritt suchten sie die Führer dieser Gruppen. Sie stellten fest, dass die Nähe eines Knotens zum Zentrum des Teilnetzes ein guter Indikator für die formelle oder informelle Führungsrolle in der Gruppe war. Um ihre Resultate zu überprüfen, befragten die Forscher im Nachhinein mehrere Mitarbeiter. Die Interviews bestätigten ihre Vermutung: Die automatisierte E-Mail-Methode hatte die informellen Arbeitsgruppen und ihre Führer durchwegs richtig identifiziert.

Die Qual der Wahl mit dem Wahlcomputer

Die gute alte Wahlurne dürfte bald ausgedient haben, aber die Modernisierung des Wahlprozesses geht nicht ohne Hindernisse vonstatten. Das hat im Jahr 2000 der Ärger um die Zählmaschinen bei den amerikanischen Präsidentschaftswahlen bewiesen.

Einen Vorgeschmack auf die Zukunft erhielt man im August 2004, als sich der venezolanische Präsident Hugo Chávez einem Referendum stellte. In 4582 Wahllokalen waren insgesamt 19055 Stimmenregistriermaschinen aufgestellt worden, an denen 8,5 Millionen Wahlberechtigte ihr «Si» für eine Abberufung oder «No» dagegen eingeben konnten. Die Voten wurden automatisch registriert und an einen zentralen Computer weitergeleitet. Fehler sind sowohl bei der Stimmabgabe, bei der Registrierung der Voten oder bei der Übermittlung denkbar. Ein Kurzschluss oder ein Stromausfall könnte zum Beispiel ein ganzes Kontingent von Voten zum Verschwinden bringen. Weit beunruhigender ist jedoch die Gefahr der böswilligen Manipulation der Wahlcomputer.

Chávez ging aus dem Referendum mit 58 Prozent der Voten siegreich hervor, aber die Opposition vermutete sofort Wahlbetrug. Ihren Verdacht erweckte insbesondere die Tatsache, dass in vielen Wahllokalen mehrere

Maschinen die gleiche Anzahl Ja-Stimmen verzeichneten. Warum registrierten im Lokal mit der Nummer 13 940 zwei Maschinen ausgerechnet 387 Ja-Stimmen und im Lokal 4540 sogar drei Maschinen 157 Ja-Stimmen? Skeptiker beschlossen, der Sache nachzugehen, und beauftragten drei Forscher mit einer Untersuchung. Zwei Wochen später legten die Computerwissenschafter Edward Felten von der Princeton University, Aviel Rubin von der Johns Hopkins University und der Doktorand Adam Stubblefield einen Untersuchungsbericht vor.

Mittels Computer hatten die Forscher 1200 simulierte Referenden mit je 4582 Lokalen und 19 055 Registriermaschinen durchgeführt. Im Durchschnitt entstand die verdächtige Situation, dass zwei oder mehr Maschinen im gleichen Lokal eine identische Zahl von Ja-Stimmen aufwiesen, 360-mal. Somit könnte man das 360fache Auftreten von mindestens je zwei Maschinen mit der gleichen Anzahl von Ja-Stimmen als «normal» bezeichnen. Heisst dies aber, dass das wirkliche Referendum, bei dem diese Situation 402-mal eintrat, einer Fälschung unterlag?

Zur Beantwortung dieser Frage muss man die Theorie der Statistik heranziehen. Bekanntlich fällt bei Münzwürfen durchschnittlich die Hälfte der Würfe auf Kopf, die Hälfte auf Zahl. Aber bei 1000 Würfen erwartet man nicht exakt je 500-mal Zahl und Kopf. Auch wenn Zahl 480-mal fällt und Kopf 520-mal, spricht man von einer fairen Münze. Wenn andererseits 750-mal Zahl erscheint, muss man annehmen, dass die Münze gefälscht ist.

Bei dem venezolanischen Referendum kann man deshalb ebenfalls nicht erwarten, dass es genau mit dem

Durchschnittsresultat der Simulationen übereinstimmt. In wie vielen Lokalen darf die besagte Situation eintreten, ohne dass man Wahlfälschung vermuten muss? Um diese Frage zu beantworten, berechneten die Wissenschafter die Wahrscheinlichkeit dafür, dass die verdächtige Situation in mindestens 402 Wahllokalen auftritt – ohne Wahlmanipulation natürlich. Das Ergebnis: 2 Prozent. Zwar ist diese Wahrscheinlichkeit eher klein, aber doch nicht klein genug, um daraus zu schliessen, dass das Ergebnis des Referendums gefälscht sei.

Das Resultat des venezolanischen Referendums ist also mit einer fairen Wahl durchaus kompatibel. Das heisst zwar nicht, dass das Referendum auch tatsächlich fair war. Aber für einen statistischen Hinweis auf Wahlfälschung hätte die Zahl der suspekten Wahllokale höher sein müssen. Hätten zum Beispiel 430 Wahllokale suspekte Resultate aufgewiesen, so hätte dies einer Wahrscheinlichkeit auf eine faire Wahl von bloss 0,01 Prozent entsprochen.

Für Venezuela war es den Mathematikern gelungen, Zweifel an der Fairness der Abstimmung einigermassen auszuräumen. Aber immer wird das nicht möglich sein. In ihrem Bericht weisen die Autoren nämlich darauf hin, dass es Möglichkeiten des elektronischem Wahlbetrugs gibt, die sich nicht durch statistische Anomalien auszeichnen und die deshalb durch eine mathematische Analyse nicht erkannt werden können. Eine manipulierte Maschine, die 10 Prozent der Ja-Voten nach dem Zufallsprinzip zu Nein-Voten mutiert, konnte zum Beispiel nicht durch statistische Methoden entlarvt werden.

Eine Briefmarke für E-Mails

Seit fast dreissig Jahren beruht das Internet auf den gleichen Prinzipien. Die Kommunikationsregeln, die einmal für die Vernetzung von wenigen Computern in Universitäten und Forschungszentren gedacht waren, stossen heute aber zunehmend an ihre Grenzen. Das EU-Forschungsprojekt Evergrow soll der gewachsenen Komplexität Rechnung tragen und die wissenschaftlichen Grundlagen für das Internet der Zukunft erarbeiten. An dem auf vier Jahre angelegten Programm beteiligen sich 29 Universitäten und Firmen aus Europa, Ägypten und Israel, unter anderem auch die ETH Lausanne. Scott Kirkpatrick von der Hebrew University in Jerusalem ist einer der beiden Forschungsleiter.

NZZ am Sonntag: Herr Kirkpatrick, was ist das grösste Problem des Internets?

Scott Kirkpatrick: Die Aufgabe der Zukunft muss es sein, Information in einer Art zu verteilen, die weniger Ressourcen, weniger Bandbreite also, benötigt als heute. Dazu müssen die Daten vermehrt entlang der Peripherie des Internets verteilt werden – nicht der gesamte Verkehr muss über die grossen Backbone-Leitungen des Internets fliessen. Wir müssen die Verbindungen entlang den Aussenkanten des Internets ausnützen.

Geben Sie uns ein Beispiel.

Wenn jemand den Katalog eines Kaufhauses einsehen will, muss er auf dem Internet zuerst bis zum Sitz der Firma vordringen. Aber oft ist die Information, die für die Beantwortung der Suchanfrage benötigt wird, auch auf einer anderen, physisch näher liegenden Website schon vorhanden.

Wie kann das Internet denn effizienter werden?

Eine einfache Art ist es, die Originaldaten auf mehreren im Netz verteilten Computern zu speichern – statt nur auf einem einzigen. Man spricht hierbei von einer so genannten Spiegelung. Eine andere Möglichkeit können wir uns von den Musiktauschbörsen abschauen: die so genannte Peer-to-Peer-Methode. Dabei verbinden sich verschiedene Nutzer innerhalb des Internets miteinander zu einem virtuellen Netz und tauschen untereinander ihre Daten aus. Das verursacht weniger Datenverkehr, als wenn alle auf eine zentrale Datenbank zugreifen müssen. Statt dass ein Anbieter zum Beispiel jedem einzelnen Interessenten ein mehrere Gigabyte schweres Programm sendet, sendet er an jeden einzelnen Empfänger Pakete, die nur einige Megabytes umfassen. Diese verteilen die Pakete dann untereinander weiter. So werden die vorhandenen Ressourcen besser ausgenützt.

Wie kann das Forschungsprojekt Evergrow dabei helfen?

In den Karten des Internets gibt es noch viele weisse Flecken. Zurzeit weiss niemand, wie viel Bandbreite auf den «Nebenstrecken» des Webs vorhanden ist. Mit unserem Projekt versuchen wir, die Links zwischen Punkten am Aussenrand des Internets zu analysieren. Wer kann wen durch welche Routen erreichen? Wie gross ist die Bandbreite entlang diesen Routen? Und wie schnell verändert sich das Ganze?

Suchmaschinen liefern oft sinnlose Verweise. Was kann man hier verbessern?

Suchmaschinen wie Google sammeln alles, was es auf dem Web gibt. Dabei lässt sich nicht vermeiden, dass immer wieder die gleichen Daten gefunden und indexiert werden. Schliesslich wird der gesamte Index – das Inhaltsverzeichnis des Webs sozusagen – auf einem zentralen Computer zugänglich gemacht. Effizienter wäre es, wenn die Sammlung von Daten und die Indexierung dezentralisiert würden. Zwischen diesen verteilten Datensammlungen müssten dann Brücken geschlagen werden. Dies ist, wie wir zu sagen pflegen, ein aktives Forschungsgebiet. In anderen Worten: Wir wissen herzlich wenig darüber. Im Evergrow-Projekt studieren wir, wie die gesammelte Information stückweise an «Expert Indexers» verteilt und dann sortiert werden kann.

Finden Suchmaschinen denn alles?

Suchmaschinen finden nur einen Bruchteil der an der Oberfläche des Internets vorhandenen Information. Überdies existiert im «tiefen Web» – in Bibliotheken, in Zeitungsarchiven und in Datenbanken – hunderte Mal mehr Stoff. Um an diese Information zu gelangen, muss man aber abonniert sein, Formulare ausfüllen oder bezahlen. Das tun die Suchmaschinen natürlich nicht.

Wie sieht die Zukunft aus?

Das Internet wird schneller, Router – Computer, die die Schaltstellen des Internets bilden – werden billiger.

Peripheriegeräte wie zum Beispiel Mobiltelefone werden kleiner und funktionstüchtiger und wollen ebenfalls an das Internet angeschlossen werden. Während sich die Grösse des Internets verdoppelt, werden die Kosten der Speicherung um die Hälfte sinken.

Aber die verschiedenen Komponenten des Internets entwickeln sich mit unterschiedlichen Geschwindigkeiten. In der Computertechnologie wurde zum Beispiel die Prozessorgeschwindigkeit immer schneller, während die Speichergeschwindigkeit der Chips und Festplatten hinterherhinkte. Heute bestehen ähnliche Probleme bei der Informationsübermittlung über lange und über kurze Strecken. Entlang dem Backbone ist die Bandbreite zwar gross, aber die unterschiedlichen Leistungen der Router führen oft zu Verzögerungen. Am Rande des Internets kennen wir die Bandbreiten und die Verzögerungen noch gar nicht. Es ist eine der Aufgaben von Evergrow, die Charakteristiken des Internets an der Peripherie herauszufinden.

Das Internet wird auch zunehmend durch unnötige Spam-Mails belastet. Was kann man dagegen tun?

Bei der Aussortierung von Information, die ich nicht kennen will, muss in Zukunft bessere Arbeit geleistet werden. Junkmail ist für den Sender gratis. Für mich ist es jedoch mit Kosten verbunden, ungewollten Spam zu filtern. In Zukunft könnte es sein, dass E-Mails von einer Mailbox nicht akzeptiert werden, bevor sie nicht irgendeine Zeit raubende, aufwendige Berechnung vollzogen haben. Das wäre wie eine Art Briefmarke, die jede E-Mail enthalten müsste. Der Absender müsste Rechenzeit zum

Versenden jeder einzelnen E-Mail aufwenden. Für den Normalnutzer fällt das nicht ins Gewicht. Wer aber, wie beispielsweise ein Spammer, Millionen von E-Mails versenden will, für den würde es dann sehr teuer.

Werden gesetzliche Bestimmungen das Internet in Zukunft vermehrt reglementieren?

Das Web wird auf alle Fälle offen bleiben, obwohl Konzerne es ja gerne übernehmen würden. Die Riesen werden zwar grösser werden, aber das Internet wird noch schneller wachsen. Wenn Konzerne Dienstleistungen anbieten, die jedermann wünscht, so sollen sie es halt tun. Um ihnen aber nötigenfalls Paroli zu bieten, müssen Konsumenten dazu erzogen werden, in grosser Zahl auf ungewollte Werbeaktionen und Eingriffe in die Privatsphäre zu reagieren.

$x - x \neq 0$?

Für Puristen befinden sich Computerbeweise etwa auf dem Niveau des Orakels von Delphi. Daten werden in eine Black Box gefüttert, die nach einer Weile ein Resultat ausspuckt. Soll man der Antwort Glauben schenken? Krösus tat es und verlor sein Königreich. Nur naive Zeitgenossen glauben, dass in einer Black Box nie etwas schiefgeht. Bei der technischen Zuverlässigkeit von Computern sind ja tatsächlich Zweifel angebracht. In den frühen Tagen der Elektronenrechner war x – x nicht immer gleich null, null hoch null ergab auf manchen Computern eine Fehlermeldung, auf anderen eine Eins, null dividiert durch null war manchmal positiv, manchmal negativ und manchmal undefiniert. Rundungsfehler, wie sie bei digitalen Maschinen unweigerlich auftreten, führten zu falschen Resultaten.

Den Unzulänglichkeiten versuchten Computerwissenschafter mit Normierungen und neuen Rechenmethoden beizukommen. Der IEEE-754-Standard definierte die Art, wie Computer mit Zahlen umgehen sollen, und machte Geräte verschiedener Hersteller untereinander kompatibel. Mit der so genannten Intervallarithmetik, in der auf- und abgerundete Zahlen als Eckwerte für die weiteren Berechnungen dienen, bekamen Mathematiker

Rundungsfehler in den Griff. Aber Maschinen bleiben trotz allen Fortschritten fehleranfällig. Fachleute schätzen, dass in einem durchschnittlich konfigurierten PC ein Bit pro Monat durch kosmische Strahlung spontan verändert wird. Da vollständige Sicherheit nie erreicht werden kann, ist verständlich, wieso viele an absolute Wahrheit gewohnte Mathematiker eine tief liegende Aversion gegen Elektronenrechner bewahrt haben.

Liberal gesinnte Mathematiker hingegen verwenden Computerbeweise, wenn sich ein Problem auf eine endliche Anzahl von Lösungsmöglichkeiten reduzieren lässt. Die Alternativen müssen dann einzeln geprüft und eliminiert werden, bis keine, eine oder nur wenige Kandidaten übrig bleiben. Im Fall des Vierfarbenproblems musste gezeigt werden, dass keiner von fast 2000 Kartenausschnitten mehr als vier Farben zur Einfärbung benötigte. Bei der Keplerschen Vermutung waren es 5000 Kugelkonfigurationen, deren Dichte berechnet werden musste. Bei einer bahnbrechenden topologischen Arbeit wurde ein Raum in nicht weniger als eine Milliarde Regionen unterteilt, die – bis auf sieben Ausnahmen – allesamt beseitigt werden mussten. In all diesen Fällen übernahmen Computer die Identifizierung der Kandidaten und deren Eliminierung. Kein Mensch hätte dies tun können.

Für «konservative» Mathematiker bleibt der menschliche Geist jedoch das Mass aller Dinge. Nur nachdem jeder einzelne, noch so kleine Schritt eines mathematischen Beweises mit Papier und Bleistift auf seine Richtigkeit überprüft wurde, gilt ein Theorem als gültig. Aber machen Menschen keine Fehler? Wie oft irrt man sich doch schon bei der Summierung einer Zahlenkolonne?

Schliesslich sind auch «konventionelle» Beweise oft schwer nachzuprüfen. Immer wieder wurden Fehler entdeckt. Zum Beispiel galt das Vierfarbenproblem 1879 als gelöst, bis elf Jahre später eine Lücke gefunden wurde. Heute geht die Fehlersuche dank Internet viel schneller vor sich, und allein in den vergangenen Jahren wurden mehrere anfänglich gefeierte Beweise schon nach wenigen Wochen für ungültig erklärt. Auch in der ersten Version von Wiles' Beweis des Fermat Theorems wurde nach intensiver Prüfung durch Gutachter ein Fehler entdeckt. Es liegt im Wesen der Mathematik, dass Argumentationen so verschlungen sind, dass subtile Denkfehler manchmal erst nach Jahren entdeckt werden. In der Zwischenzeit gelten die Theoreme als richtig. Warum sollte es bei Computerbeweisen anders sein?

Vor einigen Jahren wurde der Vorschlag vorgebracht, halbrigorose Beweise auf einer Qualitätsskala zu rangieren und als so genannte Agnogramme zu akzeptieren. Laut dem Vorschlag würde der Wahrheitsgehalt eines Lehrsatzes mit einer gewissen Wahrscheinlichkeit bewertet. Das Gütesiegel der absoluten Richtigkeit bliebe ihm versagt. Ein Agnogramm, über das die mathematische Welt also bis zu einem gewissen Grad agnostisch bliebe, könnte zum Beispiel lauten, «die Goldbach Vermutung ist mit einer Wahrscheinlichkeit von 99,999 Prozent richtig», wobei noch zu präzisieren wäre, wie solche Aussagen quantifiziert werden können.

Unterdessen wurde für computerunterstützte Beweise eine Art Protokoll entwickelt, mit dem das Fehlerrisiko auf ein Minimum gesenkt werden soll. Die Regeln fordern unter anderem die Benützung verschiedener Programme zur mehrmaligen Lösung des gleichen Problems, die Verifizierung von Zwischenlösungen von Hand, die Prüfung benützter Algorithmen auf ihre interne Logik, die Verwendung wohlbekannter Softwarepakete, die Vermeidung von Gratissoftware und selbst geschriebenen Programmen und die Wiederholung von Programmdurchläufen auf mehreren Maschinen mit verschiedenen Prozessoren. Diese Regeln können die Korrektheit eines Computerbeweises nicht garantieren, aber zumindest das Vertrauen in ihn erhöhen. Die wichtigste Forderung der Befürworter des Einsatzes von Computern in der theoretischen Mathematik ist aber, Computerbeweise von Kollegen selbständig und unabhängig nachvollziehen zu lassen. In Biologie und Chemie ist die Wiederholung von Versuchen gang und gäbe, denn ein Phänomen wird erst nach mehrmaliger experimenteller Bestätigung in den Status eines Naturgesetzes erhoben. So öffnet denn die Zulassung des Computereinsatzes das Tor zu einem neuen Zweig der Königin der Wissenschaften: der experimentellen Mathematik.

Persönlichkeien

Professor Ekhad meldet sich nicht

Dass Mathematiker skurrile Kerle sind, ist ein Vorurteil, das manchmal zutrifft. Da ist zum Beispiel Shalosh B. Ekhad von der Rutgers University in New Jersey. Seine Publikationsliste ist eindrücklich: In den vergangenen zehn Jahren veröffentlichte er, oft zusammen mit Mitautoren, mehrere Dutzend Artikel. Eine seiner ersten Leistungen war der Beweis eines verzwickten Rätsels, des so genannten kosmologischen Theorems. Der Mathematiker John H. Conway von der Princeton University hatte behauptet, dass er das Theorem bewiesen, den Beweis aber prompt verloren habe, bevor er auf seine Richtigkeit geprüft werden konnte. Daraufhin machte sich Mister Ekhad an die Arbeit und fand einen neuen Beweis. Sein internationaler Ruhm war begründet, und seine Publikationen werden seitdem weltweit von namhaften Kollegen zitiert. Meist betreffen sie Beweise aus dem mathematischen Gebiet der Kombinatorik.

Aber Ekhad figuriert auf keiner Liste von Professoren, und an der auf seinen Veröffentlichungen angegebenen Adresse an der Rutgers University gibt es kein Büro, in dem man ihn finden könnte. Einladungen zu Seminaren oder Fachkonferenzen bleiben entweder unbeantwortet, oder eine Sekretärin winkt höflich ab. Anfragen fortgeschrittener Studenten, ob bei Professor Ekhad eine Doktorandenstelle frei sei, werden abschlägig beantwortet.

Wer ist dieser schüchterne Mathematiker, der die Öffentlichkeit so meidet? Lesern, die des Hebräischen kundig sind, fällt vielleicht auf, dass Shalosh B. Ekhad für «Drei in eins» steht, ein Symbol für die Dreifaltigkeit. Auf dem Internet kursierten denn auch bald Gerüchte, laut denen sich hinter dem mysteriösen Mathematiker in Tat und Wahrheit ein Missionar verbirgt, der die Welt bekehren will. Aber wie sollte dies mittels Publikationen über kombinatorische Probleme geschehen? Obwohl die vorliegende Kolumne von Mathematik handelt und nicht von Detektivarbeit, musste das Geheimnis um jeden Preis gelöst werden. Als der Berichterstatter erfuhr, dass einer von Ekhads Mitautoren, der ebenfalls in Rutgers wirkende Doron Zeilberger, an einer Fachtagung auf Mykonos teilnehmen würde, reiste er, keine Mühe scheuend, dorthin und machte den aus Israel stammenden Mathematiker ausfindig. Zwar versuchte dieser – wie es sich an einem Kongress auf einer Ferieninsel gehört –, sich in kurzen Hosen und Sandalen zu tarnen, doch das Namensschild auf seinem T-Shirt verriet ihn sofort. Einmal ertappt, liess er die Bombe platzen: Ekhad existiert gar nicht; bei dem mysteriösen Autor handelt es sich um einen Computer!

Zeilbergers erster, 1987 in Betrieb genommener Computer war ein Rechner der Firma AT&T. Da das Modell in den Bell Laboratories entwickelt worden war, und zwar im Gebäude Nummer 3, Korridor B, Raum 1, erhielt es die Typenbezeichnung «3B1». Zeilberger war auf sein neues Spielzeug so stolz, dass er ihm prompt einen

Namen in seiner hebräischen Muttersprache gab: Shalosh B. Ekhad.

Zeilberger hatte mit seinem Computer mehr als die damals üblichen Routineübungen vor. Er wollte nichts weniger als dem Computer beibringen, mathematische Identitäten zu finden und zu beweisen. Zusammen mit dem Kollegen Herbert Wilf von der University of Pennsylvania entwickelte er einen Algorithmus für den Computer, der 1998 mit dem Steele-Preis der American Mathematical Society ausgezeichnet wurde. Schon bald übertraf Shalosh B. Ekhad sogar Zeilbergers eigene hochgeschraubte Erwartungen. Es mussten bloss einige Anfangsinstruktionen eingegeben werden, und schon begann Ekhad zu surren und zu summen, um nach einigen Stunden – oder auch nach einigen Tagen – Resultate auszuspucken. «Shalosh fand neue Beweise für schon bekannte mathematische Identitäten und entdeckte auch völlig neue Identitäten», erläutert Zeilberger. Einige von ihnen waren in den Augen des Mathematikers hübsch, andere weniger hübsch, dafür aber sehr nützlich. «Wieder andere waren weder hübsch noch nützlich und konnten getrost ignoriert werden», sagt Zeilberger.

Ekhads Ziehvater will aber noch höher hinaus. Er prophezeit nichts weniger als einen Paradigmenwandel: Computer würden in Zukunft grundlegende Zusammenhänge entdecken und in diesen Bestrebungen die menschlichen Kapazitäten weit übertreffen. In einigen Jahrzehnten würden die von Menschengeist geschaffenen Lehrsätze wie Mickymaus-Mathematik erscheinen, meint der immer gerne provozierende Zeilberger.

Der streitende Bruder

Am 16. August 2005 hat sich zum 300. Mal der Todestag des Basler Gelehrten Jacob Bernoulli, eines der bedeutendsten Mathematiker aller Zeiten, gejährt. Bernoulli wurde 1654 als Sohn eines Gewürzhändlers geboren, der als Stadtrat und Richter in Basel eine prominente Rolle spielte. Jacob war der erste Spross des berühmten Geschlechts, das im 17. und 18. Jahrhundert nicht weniger als acht Mathematiker von Weltruf hervorbrachte. Seine Leidenschaft für die Mathematik machte sich schon früh bemerkbar, aber auf Anweisung des Vaters studierte er zuerst Philosophie und Theologie. Mathematik und Astronomie konnte er sich nur im Geheimen aneignen.

Auf das Studium folgten eine Periode als Privatlehrer in Genf und Wanderjahre durch Frankreich, Holland und England, wo er Kontakte zu den wichtigen Wissenschaftern seiner Zeit knüpfte. Darauf kehrte Bernoulli in seine Heimatstadt zurück und unterrichtete Mechanik an der Universität Basel. Gleichzeitig begann er mit der Publikation mathematischer Werke. 1687 wurde er zum Professor für Mathematik an die Universität berufen. Sein bedeutendster Schüler war sein ebenso begabter, zwölf Jahre jüngerer Bruder Johann, der auf Wunsch des Vaters

Medizin studierte, sich aber im Verborgenen von seinem Bruder in die mathematischen Wissenschaften einweisen liess. Gemeinsam entwickelten sie die neuartige, bloss wenige Jahre zuvor von Newton und Leibniz geschaffene Infinitesimalrechnung weiter.

Mit der Zeit aber entspann sich zwischen den beiden Brüdern Johann und Jacob eine notorische Feindschaft: Als Johann begann, sich mit seinen Resultaten zu brüsten und die Leistungen seines älteren Bruders herabzusetzen, verkündete Jacob seinerseits, dass Johann bloss Resultate reproduziere, die er ihm beigebracht habe. Es ist ein trauriges Kapitel der Familiengeschichte, denn die beiden Ausnahmekönner, wie auch mehrere ihrer Nachkommen, gehörten zu den bedeutendsten Mathematikern aller Zeiten. Jacob krankte offenbar an Gefühlen der Minderwertigkeit, und beide Brüder litten an einem übersteigerten Geltungsbedürfnis. Möglicherweise war es jedoch gerade die Rivalität, die die Brüder zu ihren Höchstleistungen anspornte.

Jacob Bernoullis wohl wichtigstes Werk ist das erst 1713, acht Jahre nach seinem Tod veröffentlichte Buch «Ars conjectandi» (Die Kunst des Vermutens). Mit diesem Traktat wurde das Zeitalter der Statistik und der Wahrscheinlichkeitsrechnung in der Mathematik eingeläutet. Schon 1689 hatte Jacob Bernoulli das so genannte «Gesetz der grossen Zahlen» aufgestellt. Es besagt, dass die Wahrscheinlichkeit eines Phänomens gleich gross ist wie die Frequenz seines Auftretens in oft wiederholten Experimenten. Damit definierte Bernoulli die Wahrscheinlichkeit zum ersten Mal als eine Zahl zwischen null und eins und gab dem Begriff, der bis dahin eher ein Synonym für juristische und philosophische Argumente war, einen mathematischen Unterbau.

Die grossen Züge seines Hauptwerks hatte Bernoulli schon in den frühen 1690er-Jahren ausgearbeitet, doch blieb das Werk unvollendet. Zur Zeit seines Todes waren bloss die ersten drei Teile, in denen er Kombinatorik sowie Karten- und Würfelspiele behandelte, beendet. Der vierte Teil, in dem die neue Theorie auf politische, rechtliche und wirtschaftliche Entscheidungen angewandt werden sollte, war unvollständig. Während Jahren drängten deutsche und französische Gelehrte Johann, das Manuskript seines Bruders fertig zu stellen und zu veröffentlichen. Jacobs Witwe und Sohn hegten aber tiefes Misstrauen gegen Johann und liessen ihn nicht an das Manuskript heran. Daraufhin erklärte Johann, dass er sowieso Besseres zu tun habe, als das Werk des ungeliebten Bruders zu redigieren. Erst nach langem Zögern willigte die Witwe schliesslich ein, die Fertigstellung Nikolaus Bernoulli, dem Sohn eines dritten Bruders der Familie und ehemaligen Sekretär Jacobs, anzuvertrauen und das Hauptwerk ihres Mannes endlich doch noch der Öffentlichkeit zugänglich zu machen.

Ein Diplomat mit Liebe für Zahlen und Schach

Die Mathematik mag für viele Menschen ein Buch mit sieben Siegeln sein, doch einige mathematische Rätsel provozieren immer wieder den Ehrgeiz von Laien. An Fermats letztem Theorem versuchten sich jahrhundertelang Amateure und professionelle Mathematiker gleichermassen, bis das Problem 1994 von Andrew Wiles gelöst wurde. Der Professor der Princeton University konnte zeigen, dass es keine natürlichen Zahlen a, b und c gibt, die die Gleichung $a^n + b^n = c^n$ lösen, wenn n grösser als 2 ist.

Fermats letztes Theorem gehört zu den so genannten diophantischen Gleichungen. Das sind Gleichungen, bei denen nur ganzzahlige Lösungen zugelassen sind, das Theorem ist also nur eines von unzähligen ähnlichen Problemen. Der Göttinger Mathematiker Carl Friedrich Gauss bemerkte schon Anfang des 19. Jahrhunderts, dass Fermats letztes Theorem wenig Interesse für ihn habe, denn er könnte mit Leichtigkeit eine Unmenge ähnlicher Gleichungen hinschreiben, von denen nicht klar sei, ob sie Lösungen hätten oder nicht. Und sein Nachfolger in Göttingen, der Mathematiker David Hilbert, hielt es ebenfalls nur für ein «spezielles und augenscheinlich unwichtiges Problem».

Andere diophantische Probleme bestehen in der Suche nach ganzen Zahlen, die gleichzeitig mehrere Gleichungen lösen. So soll zum Beispiel herausgefunden werden, ob es sechs ganze Zahlen a, b, c, d, e und f gibt, sodass die Gleichung $a^k + b^k + c^k = d^k + e^k + f^k$ für $k = 2$, 3 und 4 gleichzeitig gilt.

Den ersten, noch mageren Anfang zur Erforschung dieses Problems machte 1951 ein italienischer Mathematiker, der bewies, dass nicht alle sechs Zahlen positiv sein können. Dann herrschte ein halbes Jahrhundert lang Funkstille. Erst im Jahr 2001 wurde eine Lösung entdeckt. (Hier sei bloss verraten, dass a gleich 358 und b gleich –815 ist.) Die Frage war, ob damit die einzige Lösung des Systems gefunden wurde oder ob es noch andere gibt. Im Jahr 2004 nun ist bewiesen worden, dass nicht nur mehrere, sondern unendlich viele Lösungen existieren.

Erstaunlicherweise ist Ajai Choudhry, der Autor des im «Bulletin of the London Mathematical Society» veröffentlichten Beweises, kein professioneller Wissenschafter, sondern der Botschafter Indiens im Sultanat von Brunei. Choudhry wurde 1953 im Staat Uttar Pradesh in Nordindien geboren. Eigentlich sollte der Hochbegabte eine Karriere in Mathematik machen. Aber nachdem er die universitären Abschlussprüfungen mit einem Dutzend Goldmedaillen in allen Fächern bestanden hatte, beschloss der 23-Jährige, die Mathematik bleiben zu lassen und in den diplomatischen Dienst einzutreten. Während elf Jahren widmete er sich ganz der Karriere im Aussenministerium. Dem Dienst in Delhi folgten Versetzungen nach Kuala Lumpur, Warschau und Singapur. Als

Botschafter diente er sodann in Libanon und schliesslich in Brunei.

Bei einem diplomatischen Anlass in Warschau traf der Diplomat zufällig den Zahlentheoretiker Andrzej Schinzel von der polnischen Akademie der Wissenschaften. Das Gespräch weckte in Choudhry das alte Interesse an der Mathematik. In seiner Freizeit begann der junge Diplomat über diophantische Gleichungen nachzudenken. Es folgten nicht weniger als 45 Publikationen in Fachzeitschriften sowie ein Preis für den Beweis eines Theorems über siebente Potenzen ganzer Zahlen. Nebenbei widmete sich Choudhry dem Schachspiel. Den Höhepunkt seiner Schachkarriere erlebte der Internationale Meister 1998 in Beirut bei einem Simultanspiel des damaligen Weltmeisters Anatoli Karpow gegen 30 Opponenten. Choudhrys Partie endete remis, aber bloss, weil der Botschafter das Schachbrett vorzeitig verlassen musste, um einer diplomatischen Verpflichtung nachzukommen.

Puristen würden Choudhrys Beweis der unendlich vielen Lösungen fast als trivial bezeichnen. Obwohl er keineswegs simpel ist, setzt er nämlich keine höhere Mathematik voraus. Choudhry gelang es, mit Hilfe einiger Umformungen eine Verbindung zu so genannten elliptischen Funktionen herzustellen, die schon im Beweis von Fermats Theorem eine wichtige Rolle spielten. Und von da war es nur noch ein Katzensprung zu der Folgerung, dass unendlich viele Lösungen existieren. Diese sind jedoch durchaus nicht simpel: Choudhry nennt einen Fall, bei dem a gleich $-230\,043\,367\,232\,999\,423$ ist.

Die Fertigkeit, Brüche miteinander zu multiplizieren oder sie zu dividieren, gehört zu den Fähigkeiten, die Kindern in der Primarschule beigebracht werden. Deshalb möchte man meinen, dass über diese arithmetischen Grundoperationen alles bekannt sei. Und trotzdem befasst sich die höhere Mathematik mit dem Thema. Man betrachte zum Beispiel eine Folge von Brüchen ½, ⅔, ¾, ⅘ und so weiter bis N/N+1. Dann nehme man eine beliebige Auswahl dieser Brüche, multipliziere sie miteinander oder dividiere sie durcheinander. Das Resultat ist wieder ein Bruch, den man so weit wie möglich kürzt. Jetzt lautet die Frage: Wie gross ist der grösste Zähler, den man auf diese Weise erhalten kann?

In der Vergangenheit befassten sich schon mehrere Mathematiker mit diesen und ähnlichen Problemen, und im Jahr 2005 unterzogen die beiden französischen Mathematiker Régis de la Bretèche und Gérald Tenenbaum sowie der Amerikaner Carl Pomerance die Sache einer erneuten Analyse. Sie erzielten einen Fortschritt, der in der Ausgabe vom April 2005 des «Ramanujan Journal» veröffentlicht wurde.

Der Name dieser Fachzeitschrift bezieht sich auf einen genialen Mathematiker, den indischen Hilfsbuchhalter Srinivasa Ramanujan. Der strenggläubige, 1887 in einem 400 Kilometer von Madras entfernten Dorf geborene Brahmane besass keine höhere Ausbildung und brachte sich Mathematik autodidaktisch bei. Eines Tages nahm er seinen Mut zusammen und sandte Briefe mit eigenen mathematischen Beweisen an Professoren in England. In der Meinung, es mit einem Spinner zu tun zu haben, antworteten die meisten nicht. Bloss Godfrey Harold Hardy in Cambridge, ein führender Mathematiker seiner Zeit, erkannte die erstaunliche Begabung des Inders. Er lud ihn ans Trinity College ein und stand dann vor dem Problem, wie er den genialen jungen Mann zu mathematischer Strenge erziehen könne, ohne seinen intuitiven Zugang zur höheren Mathematik zu stören. Ramanujan leistete unter Hardys Anleitung in kaum sechs Jahren Erstaunliches. Seine Fähigkeit, in Zahlen verborgene Geheimnisse zu erkennen, war legendär. Aber der einsame Inder war in Cambridge unglücklich. Seine Ehefrau war in Indien zurückgeblieben, und aus religiösen Gründen nahm Ramanujan nur vegetarische Nahrung zu sich, die in England nicht von ausreichender Qualität war. Geschwächt und deprimiert, erkrankte Ramanujan und starb 1920 im Alter von bloss 33 Jahren. Noch heute durchforsten Fachleute seine hinterlassenen Notizbücher, in der Hoffnung, verborgene Schätze zu finden. Das seit 1997 viermal jährlich erscheinende «Ramanujan Journal» ist jenen Gebieten gewidmet, die durch den genialen Inder befruchtet wurden.

Das Journal ist sicherlich die passende Fachzeitschrift für Untersuchungen über höhere Arithmetik. Zu Beginn ihrer Arbeit bemerken die Autoren, dass der Maximalzähler auf alle Fälle kleiner sein muss als $1 \times 2 \times 3 \times \ldots \times N$. Aber das ist eine sehr weit gefasste und deshalb nicht sehr nützliche Obergrenze. Schon für $N = 20$ hat sie einen Wert von über 2,4 Trillionen. Es ging also darum, den Wert des grössten Zählers besser einzugrenzen. Die drei Mathematiker stellten fest, dass der Maximalzähler für die Serie der ersten 20 Brüche ($N = 20$) zwischen einer Billion (10^{12}) und 100 Billiarden (10^{17}) liegt – eine ziemlich breite Spanne. Für die Folge der ersten tausend Brüche liegt der Maximalzähler zwischen den unvorstellbar grossen Zahlen 10^{600} und 10^{2000}. Ehrgeizige Mathematiker haben also noch Gelegenheit, sich durch die Abschätzung engerer Grenzen für diese Intervalle einen Namen zu machen.

Nebenbei sei bemerkt, dass sich einer der Autoren, Gérald Tenenbaum, neben seiner Lehr- und Forschungstätigkeit an der Université Henri Poincaré in Nancy auch als Schriftsteller betätigt. Mit dem Theaterstück «Trois pièces faciles» und dem Roman «Rendez-vous au bord d'une ombre» straft er das Stereotyp, dass sich Mathematiker nur für Formeln interessieren, wieder einmal Lügen.

Das Wunderkind der Mathematik

Am 23. Februar 2005 jährte sich der Todestag von Carl Friedrich Gauss (1777–1855) zum 150. Mal. Gauss, der im Alter von drei Jahren die Lohnabrechnung seines Vaters korrigierte und als Primarschüler den Lehrer mit seinen mathematischen Fähigkeiten verblüffte, ist der bedeutendste Mathematiker des 19. Jahrhunderts. Aber es bedurfte einer Portion Glück, damit seine Genialität erkannt und gefördert wurde. Klassen mit 50 und 60 Schülern verschiedenen Alters und unterschiedlichster Begabungen waren damals die Norm, und überforderte Lehrer waren schon zufrieden, wenn sie die Schar Buben einigermassen ruhig halten konnten. Dass seine Lehrer Gauss' Begabung erkannten und dem Herzog von Braunschweig-Wolfenbüttel zur Kenntnis brachten, war keineswegs selbstverständlich.

Unterstützt durch das Stipendium des Herzogs, studierte Gauss in Braunschweig, Helmstedt und Göttingen. Zuerst schwankte er zwischen dem Studium der Linguistik und dem der Mathematik, aber als er entdeckte, wie das regelmässige 17-Eck allein mit Zirkel und Lineal konstruiert werden konnte (womit er ein jahrtausendealtes Problem löste), entschied er sich für Letztere. In Göttingen übernahm er 1807 das Amt des Direktors der

Sternwarte, und während sein Ruf sich über ganz Europa verbreitete, blieb Göttingen bis an sein Lebensende seine Wirkungsstätte. Sein persönliches Leben war allerdings von Tragödien getrübt. Die überaus geliebte Frau Johanna starb bei der Geburt des dritten Kindes, wenige Monate später starb auch der kleine Sohn. In hohem Alter schrieb Gauss an einen Freund, dass ihm sein Leben vieles geboten habe, um das ihn die Welt beneiden könne. Aber die bitteren Erfahrungen überwögen alles Gute mehr als hundertfach.

Gauss' Beiträge zu fast allen Gebieten der Mathematik – Zahlentheorie, Algebra, Analysis, Geometrie, Wahrscheinlichkeitstheorie – sind zu zahlreich, als dass sie hier aufgeführt werden könnten. Es soll der Hinweis genügen, dass eine Enzyklopädie der Mathematik seinen Namen nicht weniger als 485 Mal aufführt. Und wenn man das Adjektiv «gausssch» dazunimmt, findet man sogar 1370 Hinweise auf den grossen Mathematiker. Aber Gauss war auch in anderen Gebieten wie der Astronomie und der Physik tätig. 1833 stellte er mit seinem Kollegen Wilhelm Weber die erste Telegrafenverbindung der Welt her: vom Studierzimmer des einen zum über einen Kilometer entfernten Studierzimmer des anderen.

Um einen kleinen Geschmack seines Einflusses zu geben, sei hier auf eine Leistung verwiesen, die für eine der grossen wissenschaftlichen Errungenschaften des 20. Jahrhunderts, die Entwicklung der Allgemeinen Relativitätstheorie, wesentlich war. Im Jahr 1828 wurde Gauss mit der Vermessung des Königreichs Hannover beauftragt. Eigentlich wäre dies eine eher banale Aufgabe gewesen, aber Gauss nahm die Gelegenheit zur Ausarbeitung bahnbrechender Theorien wahr. Während der folgenden 20 Jahre widmete er die Sommermonate – bei jedem Wetter, mit unwilligen Gehilfen, schlecht funktionierendem Gerät, die Abende und Nächte in ungastlichen Wirtshäusern verbringend – der undankbaren Vermessungsaufgabe. Dabei entwickelte er den neuen Wissenszweig der Differenzialgeometrie.

Gauss hatte nämlich schon lange Zweifel daran gehegt, dass die auf den Axiomen von Euklid beruhende Geometrie die einzige Wahrheit sei. Laut den euklidischen Axiomen liegt zwischen je zwei Punkten eine gerade Linie, und zu jeder geraden Linie gibt es Parallelen. Dieses an sich einleuchtende Postulat gilt aber nicht auf einer gekrümmten Fläche wie der Erdoberfläche, wo Gauss seine Vermessungen durchführte. Zum Beispiel liegt die direkte Verbindung zwischen Uster und Winterthur auf einem Grosskreis, aber es gibt zu ihr keine durch Zürich führende Parallele: Setzte man die beiden Strecken fort, würden sie sich südlich der Aleuten und östlich von Neuseeland kreuzen.

Die kürzesten Verbindungen auf gekrümmten Oberflächen – entsprechend den geraden Linien in der Ebene – nannte Gauss geodätische Linien. Die von seinem Schüler Bernhard Riemann weiterentwickelte Differenzialgeometrie hatte mathematisch grosse, aber wenig praktische Bedeutung, bis sie Anfang des 20. Jahrhunderts von Albert Einstein aufgegriffen wurde. Nach der im Jahr 1905 formulierten Speziellen Relativitätstheorie befasste sich Einstein zehn Jahre lang intensiv mit Differenzialgeometrie. Ohne Gauss' und Riemanns Vorarbeit hätte er die Allgemeine Relativitätstheorie 1916 nicht entwickeln können.

Isaac Newton, der Begründer der modernen Physik, hatte 1687 in seinem ersten Bewegungsgesetz festgehalten, dass ein Körper, der von keiner Kraft beeinflusst wird, entweder in Ruhe bleibt oder sich auf einer geraden Linie fortbewegt. Dieses Gesetz wurde von Einstein weiterentwickelt, indem er die geraden Linien durch geodätische Linien ersetzte. Da unser Raum, wie Einstein mit Gedankenexperimenten zeigte, durch das Vorhandensein von Massen und Energien gekrümmt wird, bewegt sich ein Objekt, auf das keine Kräfte einwirken, auf einer geodätischen Linie durch die vierdimensionale Raum-Zeit.

Interdisziplinäres

Die Mathematik der seltenen Arten

Zu den wichtigsten Fragen der Ökologie gehören jene nach der Grösse der Populationen von Tier- und Pflanzenarten sowie nach den Ursachen für die relativen Häufigkeiten verschiedener Arten innerhalb von Artengemeinschaften. Dabei ist insbesondere die Zahl der Individuen seltener Arten von Interesse, denn diese werden bei Zählungen und Schätzungen oft vernachlässigt. Im Jahr 2003 erschienen in den Fachzeitschriften «Nature» und «Proceedings of the National Academy of Sciences» mehrere Artikel zu diesem Thema, die zum Teil entgegengesetzte Ansichten zum Ausdruck bringen. Anlass des akademischen Disputs war ein Buch des Ökologen Stephen Hubbell von der University of Georgia und dem Smithsonian Tropical Research Institute über die «neutrale Theorie der Evolution». Diese Theorie beschreibt den Einfluss, den die Entstehung und das Aussterben von Arten, deren Ausbreitung und die so genannte ökologische Drift auf die Häufigkeit einer oder mehrerer Arten, also die Zahl der Individuen pro Art, innerhalb eines Gebiets haben.

Die zentrale Annahme der Theorie – und damit sind wir bei der Kontroverse angelangt – ist, dass Geburts-, Wachstums- und Todesraten für alle Arten identisch sind.

Stattdessen seien es zufällige Prozesse, die für die Veränderungen verantwortlich seien. Dies widerspricht allerdings der verbreiteten Annahme, wonach die Konkurrenz bestimmend für die Zahl der Individuen pro Spezies ist. Viele Ökologen konnten sich denn auch nicht mit der neutralen Theorie anfreunden. Sie bevorzugen zur Vorhersage der Anzahl der Arten pro Flächeneinheit die so genannte log-normale Verteilung. Diese Verteilung, die auf der Gauss'schen Glockenkurve beruht und die Vorhersage erlaubt, wie viele Populationen eine bestimmte Häufigkeit haben, hat sich bei der Beschreibung von Artengemeinschaften in der Vergangenheit bereits als erfolgreich erwiesen.

Im April 2003 hatte Brian McGill von der Michigan State University die zwei konkurrierenden Modelle einem konkreten Test unterzogen. Als Untersuchungsobjekt diente ihm eine 50 Hektaren grosse Forschungsstation auf der Insel Barro Colorado in Panama, auf der jeder der 21 457 Bäume gezählt und einer von 255 Arten zugeordnet worden war. McGill berechnete, wie viele Exemplare von seltenen, weniger seltenen und häufigen Arten einerseits laut der «neutralen» Theorie, andererseits aufgrund der log-normalen Verteilung zu erwarten wären, und verglich die Ergebnisse mit den tatsächlichen Häufigkeiten auf der Insel. Dabei stellte er fest, dass die auf der log-normalen Verteilung beruhenden Vorhersagen die Verhältnisse auf Barro Colorado etwas besser beschrieben als die Berechnungen, die sich aufgrund der neutralen Theorie ergaben. Daraus schloss er in einem in «Nature» veröffentlichten Artikel, dass sich die neutrale

Theorie zur Vorhersage der Häufigkeit von Arten nicht gut eigne.

Da die Gleichungen und Formeln, die der neutralen Theorie zugrunde liegen, aussergewöhnlich kompliziert sind, hatte McGill bei seiner Arbeit allerdings Zuflucht zu einer Computersimulation genommen – mit all den ihr anhaftenden Unzulänglichkeiten. Hubbell und seine Mitarbeiter Igor Volkov, Jayanth Banavar und Amos Maritan vermuteten denn auch, dass dies der Grund für den Misserfolg der neutralen Theorie sei. Mit grossen mathematischen Anstrengungen gelang es ihnen, exakte Formeln herzuleiten, mit denen sie die zu erwartende Artenhäufigkeit auf Barro Colorado erneut berechneten. (Diesmal ist das Wort «berechnen» durchaus angebracht.) Und siehe da: Bei Verwendung der exakten Gleichungen ist die neutrale Theorie der log-normalen Verteilung überlegen.

Nun fragt sich allerdings, ob die Debatte überhaupt von Interesse ist. Ein Blick auf die Grafik des «Nature»-Artikels zeigt nämlich, dass sowohl die log-normale Verteilung als auch die neutrale Theorie die ökologischen Verhältnisse auf der Insel recht gut beschreiben. Für seltene Arten, deren quantitative Abschätzung besonders schwierig ist, sind die entsprechenden Kurven sogar fast deckungsgleich. In einem Kommentar in «Nature» schreibt denn auch John Harte von der University of California in Berkeley, es sei müssig, mit ausgeklügelten statistischen Methoden minime quantitative Unterschiede aufzuzeigen und aus ihnen auf die Gültigkeit der einen oder der anderen Theorie zu schliessen. Stattdessen wäre es wohl gewinnbringender, wenn aufgrund der

Modelle falsifizierbare Vorhersagen gemacht würden – etwa wie die Gauss'sche Glockenkurve die Wirkung von Wachstum und Tod auf die Population modellieren könne oder ob die neutrale Theorie imstande sei, die so genannte Beta-Diversität, das Muster der wechselnden Artenhäufigkeit räumlich getrennter Gebiete innerhalb eines Habitats, abzuschätzen.

Bereits im April hatten sich fünf Forscher, unter ihnen auch Louis-Félix Bersier vom Zoologischen Institut der Universität Neuenburg und vom Lehrstuhl für Statistik der ETH Lausanne, mit einem weiteren Modell zur neutralen Theorie zu Wort gemeldet. In einer vom Schweizer Nationalfonds und von der Novartis-Stiftung mitfinanzierten Studie stellte das internationale Forscherteam einen Zusammenhang zwischen der Artenhäufigkeit und der so genannten Nischenhierarchie her. Ihr in den «Proceedings of the National Academy of Sciences» publiziertes Modell besagt, dass die Häufigkeit der Arten durch die Form und die Verästelungen des Stammbaumes, aus dem sie hervorgegangen sind, bestimmt ist. Quantitative Vergleiche mit den Gegebenheiten in der Natur unterstützen das Modell, doch auch diese Autoren warnen davor, die Deckung zwischen der vorhergesagten und der tatsächlichen Häufigkeit als Garantie für die umfassende Gültigkeit des Modells zu nehmen. Sie leiteten deshalb falsifizierbare Thesen aus ihrem Modell ab: Die Häufigkeitsverteilung der Arten, so postulierten sie, sei umso gleichmässiger, je symmetrischer die Verästelungen des Stammbaums seien, und die Vertreter einer Art seien umso zahlreicher, je früher sich ihr Ast vom

Stammbaum abgespalten habe. Um die Thesen zu verifizieren, führte das Team eine Metaanalyse durch, in der sie elf Veröffentlichungen der vergangenen Jahre untersuchten, die sowohl Stammbäume als auch die Häufigkeiten verschiedener Arten von Fischen, Vögeln, Amphibien und Eidechsen zum Thema hatten – und fanden ihr Modell bestätigt.

Dem Weg der Münzen folgen

Am 1. Januar 2002 wurde in vielen EU-Staaten der Euro eingeführt. Dadurch entstand für Ökonomen, Finanzwissenschafter und Statistiker eine einmalige Forschungsgelegenheit. Die in den einzelnen EU-Staaten geprägten Münzen weisen nämlich die gleiche Vorderseite auf, haben aber auf ihren Rückseiten verschiedene Motive. So kann zum Beispiel das Herausgeld in Spanien das Konterfei des österreichischen Mozart aufweisen, in Deutschland stösst man gelegentlich auf Leonardo da Vincis L'Uomo und in Luxemburg weisen manche Münzen den deutschen Bundesadler auf.

Dank dieser Eigenschaft kann die Wanderung der Geldstücke über die Grenzen hinweg verfolgt und können Wirtschaftskreisläufe studiert werden. Die Zahl der von jedem Land herausgegebenen Münzen entspricht der wirtschaftlichen Bedeutung des Staates. Von den 65 Milliarden Euromünzen stammen 32,9 Prozent aus Deutschland, je etwa 15 Prozent aus Frankreich, Italien und Spanien und bloss 0,2 Prozent aus Luxemburg. In Umlauf gebracht wurden im Januar 2002 für jeden Bürger etwa 100 Geldstücke.

Laut einer Studie der niederländischen Nationalbank trägt man durchschnittlich 15 Münzen auf sich; die anderen 85 Münzen befinden sich in den Banken und den

Kassen von Geschäften. Daraus sowie aus dem Reiseverhalten der Europäer lässt sich berechnen, dass pro Jahr etwa 10 Prozent der einheimischen Münzen ins Ausland gebracht und eine gleiche Menge Münzen nach Hause eingeführt werden. Nach und nach werden sich die europäischen Münzen vermischen, bis sich ein Gleichgewicht einstellt: Nach einigen Jahren werden die Münzen in allen EU-Ländern im Verhältnis ihrer Prägemengen verteilt sein. Eine der Fragen, die sich die Wissenschafter stellen, ist, wie lange es dauern wird, bis es so weit ist. Und da scheiden sich die Geister.

Der deutsche Statistikprofessor Dietrich Stoyan entwickelte ein Modell, das aus fast 150 Differenzialgleichungen besteht. Als Variable dienen das Reiseverhalten verschiedener europäischer Völker, die Gewohnheiten von Berufspendlern, Aktivitäten der Münzsammler, Ferienvorlieben, grenzüberschreitende Familienbande und vieles mehr. Das Modell zieht auch in Betracht, dass in den Sommermonaten eine vermehrte Geld-Migration auftritt und dass nach der Skisaison eine Häufung österreichischer Münzen im Flachland zu beobachten ist. Andere Forschergruppen entwickeln ähnliche Modelle, die sich oft bloss in der Terminologie unterscheiden.

Zur Verifizierung der Modelle sind die Wissenschafter auf Meldungen von Freiwilligen angewiesen, die berichten, wie viele Münzen ausländischer Provenienz sie in ihren Geldbeuteln vorfinden. Natürlich ist diese Methode statistisch nicht zuverlässig, denn Beobachter haben die Tendenz, sich vor allem dann zu melden, wenn sie besonders viele interessante Münzen in ihren Portemonnaies finden. Ausserdem wurde anfänglich ein Phänomen unterschätzt: Münzen, die in fremde Länder wandern, werden dort zu einem guten Teil von Sammlern gehortet und verschwinden aus dem Umlauf. Bis jetzt zeigten die erhobenen Daten einen deutlichen Trend von Norden nach Süden. Dies ist darauf zurückzuführen, dass Deutsche eher nach Spanien reisen als Spanier nach Finnland.

Nun geht es darum, festzustellen, welches der verschiedenen Modelle die Euro-Migration am besten beschreibt. Da die Modelle verschiedene Vorhersagen über den Zeitpunkt der vollständigen Vermischung der Euromünzen machen, kann die Geschwindigkeit der Vermischung als Test der Forschungsansätze genommen werden. Ein niederländisches Modell sagt eine völlige Vermischung der Münzen innerhalb von etwa fünf Jahren voraus. Laut Stoyans Modell sollten sich unter Berücksichtigung der Münzsammler bis Ende 2004 zwischen 14 und 20 Prozent fremde Euromünzen in Deutschland im Umlauf befinden, während das Gleichgewicht um 2020 erreicht werden soll.

Das Studium wandernder Euromünzen hat auch ausserhalb der Wirtschaftswissenschaften mannigfaltige Anwendungen. Zum Beispiel können die Resultate Aufschluss darüber geben, wie sich Epidemien ausbreiten, wie Gerüchte kolportiert werden oder wie Pflanzen in fremde Lebensräume eindringen. Sollte die Schweiz einmal der Währungsunion beitreten, könnte studiert werden, wie ein Organismus reagiert, wenn ein neuer Infektionsherd entsteht oder wenn eine Zellmembran für Mikroorganismen plötzlich durchlässig wird.

Warum gibt es Sex?

Eines der hartnäckigsten Rätsel der Natur ist, wieso so viele Arten für die Fortpflanzung zwei Partner benötigen – es wäre doch viel einfacher, wenn jedes Individuum für sich alleine Nachkommen produzieren würde. Denn zum einen ist die geschlechtliche Fortpflanzung mit Kosten etwa bei der Partnersuche verbunden, zum anderen kann auf diesem Wege nur einer von zwei Partnern Nachwuchs bekommen. Und schliesslich sind die Nachkommen ungeschlechtlicher Fortpflanzung – abgesehen von seltenen Mutanten – identische Kopien der vorherigen Generation, während die Früchte geschlechtlicher Paarung nur jeweils die Hälfte der Gene ihrer Eltern tragen. Wenn es aber darum geht, die eigenen Gene möglichst effizient an die nächste Generation weiterzugeben, wieso hat die Evolution dann den Sex hervorgebracht?

Eines von vielen Modellen, die als Antwort auf diese Frage gehandelt werden, ist die so genannte «Red Queen»-Hypothese, die im Jahr 1973 von dem Paläontologen Leigh van Valen aufgestellt wurde. Die Rote Königin ist eine Figur aus Lewis Carrolls Kinderroman «Through the looking-glass». In ihm erzählt die Königin, dass man in ihrem Reich laufen müsse, um am gleichen Ort zu bleiben. Für van Valen war dies ein Abbild des ständigen Wettrüstens der Lebewesen im Kampf ums Dasein, etwa zwischen Wirten und ihren Parasiten: Beide entwickeln ständig neue Angriffs- und Abwehrmechanismen, ohne jedoch einen Vorsprung vor dem anderen zu gewinnen.

Die Bedeutung eines solchen Wettstreits als treibende Kraft der Evolution – im Gegensatz zu früher favorisierten physikalischen Gegebenheiten wie Kälte, Hitze oder Trockenheit – fand allgemeine Anerkennung. Zudem schien der «Red Queen»-Mechanismus auch die sexuelle Reproduktion zu begünstigen, schliesslich ermöglicht die Neukombination von Genen, die bei der geschlechtlichen Paarung entsteht, eine viel schnellere Reaktion auf Angriffe der Gegenseite als die gelegentlichen Mutationen, die bei der Jungfernzeugung entstehen. Doch nun haben die Zoologin Sarah Otto von der University of British Columbia und der Biologe Scott Nuismer von der University of Idaho Zweifel an der These angemeldet, dass das Phänomen «Sex» tatsächlich allein mit der Roten Königin zu erklären sei.

Die bisherigen Untersuchungen, die die Rote Königin mit Sex in Verbindung gebracht hätten, seien zu eng angelegt gewesen, schreiben die Wissenschafter im Jahr 2004 in der Fachzeitschrift «Science». So sei etwa nur die Entwicklung von Arten simuliert worden, in denen ausschliesslich geschlechtliche oder ungeschlechtliche Fortpflanzung existiere. Bei manchen Pflanzen, aber auch bei verschiedenen Insekten, Eidechsen oder Fischen gibt es jedoch sowohl sexuelle als auch asexuelle Fortpflanzung. Deshalb müsse vielmehr die Frequenz untersucht werden, mit der sexuelle Fortpflanzung innerhalb einer Spezies auftrete, die Sex und Jungfernzeugung kombinieren könne, meinen die Forscher. Dazu entwickelten sie ein Modell, in dem das Gen für die Fortpflanzung in den Varianten «Sex» und «Jungfernzeugung» vorkam, und beobachteten, wie sich die Häufigkeiten dieser Genvarianten innerhalb zweier interagierender Populationen in einer simulierten Evolution veränderten. Das Ergebnis hing davon ab, wie gross der Druck der Populationen aufeinander war, wie stark also das Prinzip der Roten Königin zum Zuge kam. Insgesamt testeten die Forscher fünf verschiedene Typen genetischer Wechselwirkungen mit 13 000 Parameterkombinationen während 10 000 Generationen. Die Genvariante für sexuelle Fortpflanzung wurde dabei nur in einem der fünf Modelle häufiger. Denn bei sexueller Paarung entstehen nicht nur Genkombinationen, die bessere Überlebenschancen bieten, sondern es werden auch bereits bestehende gute Genkombinationen aufgespalten und gehen verloren.

Daraus folgern Otto und Nuismer, dass der «Red Queen»-Mechanismus Sex nur unter sehr begrenzten Voraussetzungen fördere und keinesfalls als alleinige Erklärung für dessen Existenz tauge. Die Autoren vermuten jedoch, dass geschlechtliche Fortpflanzung in Kombination mit anderen Prozessen wie etwa Mutationen oder der so genannten genetischen Drift sehr wohl als Begründung für Sex dienen könne – eine Idee, die allerdings nicht ganz neu sei, gibt der Evolutionsbiologe Nico

Michiels von der Universität Münster zu bedenken. Trotzdem sei die Arbeit von Otto und Nuismer ein wichtiger theoretischer Beitrag zur Evolution der sexuellen Vermehrung, urteilt Sebastian Bonhoeffer, Evolutionsforscher an der ETH Zürich.

Berechenbare Eindringlinge?

Arten in ein fremdes Ökosystem einzuführen, kann anscheinend schwerer sein, als die bekannten biologischen Invasionen vermuten lassen, bei denen Tierarten verdrängt und Ökosysteme gestört werden. Dies glauben der Physiker Gyorgy Korniss vom Rensselaer Polytechnischen Institut und der Biologe Thomas Caraco von der University at Albany in New York aufgrund einer Analyse der fast 500 Versuche, 79 Vogelarten nach Neuseeland einzuführen. Die meisten Arten in der von den Forschern zitierten Studie hatten sich tatsächlich nie etablieren können, obwohl sie bis zu vier Mal eingeführt worden waren. Die 20 Prozent Arten, die in der neuen Umgebung Fuss fassten, seien jedoch laut der Untersuchung sehr rasch gewachsen. Der Erfolg oder Misserfolg der Einführung einer Art hänge von lokalen Gegebenheiten ab, schliessen sie, deren Zufälligkeit von herkömmlichen ökologischen Modellen jedoch nicht erfasst werde.

Um das Problem aus einer neuen Perspektive zu betrachten, benützten die beiden Forscher die so genannte Theorie der Keimbildung und eine mathematische Annäherung an diese Theorie, das Avrami-Gesetz. Die Keimbildungstheorie war in den 1930er-Jahren von dem russischen Mathematiker Andrei Nikolajewitsch Kolmogorow entwickelt worden, der mit ihr das Wachstum von Kristallen beschrieben hatte. In den 1990er-Jahren wurde diese Theorie auch zur Beschreibung der Umpolung des Magnetfelds in ferromagnetischen und ferroelektrischen Materialien benützt. Korniss und Caraco legten ihrem auf dieser Theorie beruhenden Modell zur Beschreibung biologischer Invasionen eine schachbrettartige Umgebung zugrunde. Dabei waren manche Quadrate durch die einheimische Art besetzt, andere waren frei. Invasoren liessen sich mit einer gewissen Wahrscheinlichkeit auf einigen der freien Quadrate nieder und versuchten, sich in die nächstgelegenen Quadrate auszubreiten. Das Modell stützt sich auf 23 Parameter wie zum Beispiel die Ausbreitungs-, Überlebens- und Sterbewahrscheinlichkeit der einheimischen und der fremden Art. Zu seiner Vereinfachung gaben die Autoren den Invasoren dabei durchwegs eine höhere Ausbreitungsrate, die aber durch die höhere Dichte der Einheimischen teilweise wettgemacht wurde.

In Computersimulationen beobachteten die Wissenschafter dann, dass die eingeführte Spezies im Allgemeinen schnell ausstarb. Falls es ihr aber gelang, Cluster (Anhäufungen) zu bilden, die einen gewissen Radius überschritten, war ihre Ausbreitung praktisch gesichert. Je nach Höhe der Einführungsrate der fremden Art – im Modell handelt es sich hier um die Wahrscheinlichkeit, dass ein Quadrat auf dem Schachbrett von dieser besetzt wird – und der Grösse des Ökosystems geschah die Invasion in den Simulationen über einen einzigen oder über mehrere Gründungs-Cluster. Die weitere Entwicklung war dann sehr unterschiedlich. In Multi-Cluster-Invasionen etwa entwickelten sich die Bevölkerungsdichten nicht stochastisch, sondern näherten sich den durch eine Differenzialgleichung vorausgesagten Werten an. Aber obwohl die Dynamik in diesem Fall eher deterministisch als zufällig ist, beschreibt das Avrami-Gesetz laut dem Team den Zerfall der heimischen Art immer noch besser als die herkömmlichen ökologischen Modelle.

Mitte des vergangenen Jahrhunderts schockierten die Bilder des Amerikaners Jackson Pollock die Kunstwelt. Die grossflächigen Werke erschienen den Betrachtern als unmotiviertes Geschmiere, das jedes Kind auf eine Leinwand malen konnte. Ein oft ebenso missverstandener Künstler – ein Zeitgenosse und Förderer von Pollock – war der niederländische Maler Piet Mondrian. Dabei hätten die Gegensätze zwischen den beiden Künstlern nicht grösser sein können. Während Pollock oft in Sekundenschnelle intuitiv Farben über die Leinwand tropfen liess, war Mondrian ein Intellektueller, der stundenlang darüber sinnierte, wo er eine der spärlichen horizontalen oder vertikalen Linien und farbigen Rechtecke platzieren sollte.

In einer Studie, die im Jahr 2004 in der Zeitschrift «Chaos and Complexity Letters» veröffentlicht wurde, unterzog der Physiker Richard Taylor von der University of Oregon die Werke der beiden Künstler mathematischen Analysen. Für Pollocks Bilder benützte Taylor ein Hilfsmittel, das für die Chaostheorie entwickelt wurde. Er analysierte sie, indem er ihre so genannten fraktalen Dimensionen berechnete.

Ein Pinselstrich ist ein eindimensionales und die Leinwand ist ein zweidimensionales Objekt. Wie der französische Mathematiker Benoît Mandelbrot aber in den 1970er-Jahren darlegte, liegen zwischen diesen einfachen geometrischen Objekten komplexe Formen, die eine so genannte fraktale Dimension zwischen eins und zwei aufweisen. So kann man berechnen, dass der Umriss einer Schneeflocke die fraktale Dimension von 1,26 besitzt. Hat eine Naturerscheinung eine fraktale Dimension, ist dies ein Hinweis darauf, dass die zugrunde liegende Entstehung nicht zufällig, sondern deterministisch ist, was für den Betrachter allerdings nicht erkennbar sein muss.

Die Bestimmung der fraktalen Dimension beruht auf der Tatsache, dass fraktale Objekte Selbstähnlichkeit aufweisen – unabhängig vom Ausschnitt, den man betrachtet, erscheinen sie immer gleich. So ist beispielsweise ein Baum ein fraktales Objekt, denn der Stamm verhält sich zu den Ästen wie ein Ast zu den Zweigen.

Taylor bestimmte die fraktale Dimension von Pollocks Bildern, indem er sie durch ein quadratisches Gitter unterteilte und die mit einer bestimmten Farbe bemalten Quadrate abzählte. Die Art, wie das Verhältnis zwischen bemalten und unbemalten Quadraten wächst, wenn zunehmend feine Gitter angelegt werden, ergibt die fraktale Dimension. Zufallsbilder oder Gemälde von Amateuren, die Pollocks Stil imitieren, würden bei der Abschätzung der Dimension keine konsistenten Werte ergeben, behauptet Taylor. Pollocks Bilder hingegen zeigten eine erstaunliche Konstanz über alle Gitterabstände von einem Zentimeter bis zu 2,5 Metern. Sie sind somit keineswegs zufällige Kleckesereien, sondern haben tatsächlich fraktale Struktur. Die frühen Werke weisen fraktale Dimensionen von ungefähr 1,3, die späteren von ungefähr 1,8 auf.

Wenn Pollock einmal sagte, dass er in seiner Kunst die Natur darstellen wollte, erntete er bloss höhnische Kommentare. Taylors mathematische Analyse beweist aber, dass Pollock diesem Streben intuitiv so nahe kam, wie es nur einem künstlerischen Genie gelingen kann. Der Künstler hatte in seinen Werken Fraktale verwendet – 25 Jahre bevor sie von Mathematikern und Physikern identifiziert wurden. Und wo bleibt Mondrian, in dessen Werken von Chaos keine Rede sein kann? Ausser regelmässigen Flächen, horizontalen und vertikalen Linien liess Mondrian nichts zu, und seine an Fanatismus grenzende Ablehnung der Diagonalen war sprichwörtlich. Gibt es dafür ästhetische Gründe? Die Antwort lautet Nein. Versuchspersonen äussern keine Präferenzen, wenn ihnen Mondrians Werke um 45 Grad rotiert vorgelegt werden.

Auch die Placierung der Linien, über die sich Piet Mondrian grosse Sorgen machte, spielt beim Betrachter offenbar bloss eine untergeordnete Rolle. Taylor analysierte die Positionen der Horizontalen und Vertikalen und stellte fest, dass Mondrian sie – statistisch gesehen – eher an die Ränder seiner Bilder verlegt hatte, als aufgrund der Zufälligkeit eigentlich zu erwarten gewesen wäre. Doch Kunstexperten gaben in einem Experiment keine Präferenz an, als ihnen Mondrians Werke gleichzeitig mit zufällig generierten Bildern «à la Mondrian» vorgelegt wurden.

Warum die Frauen nicht davonsprinten

Die englische Fachzeitschrift «Nature» gilt als eines der renommiertesten wissenschaftlichen Journale der Welt – über 90 Prozent der eingereichten Artikel werden hier abgewiesen. Doch trotz allem Renommee konnte sich auch hier eine Ente einschleichen.

Im Herbst 2004 veröffentlichten vier Forscher – drei Zoologen und ein Geograf – eine Arbeit, in der sie prognostizierten, wie sich die Siegerzeiten bei olympischen 100-Meter-Läufen in den nächsten Jahrzehnten entwickeln werden. Überraschendes Resultat: Bei den Olympischen Spielen im Jahr 2156 werden die Frauen genauso schnell sein wie die Männer und die Sprintdistanz in 8,1 Sekunden bewältigen. (Zum Vergleich die Resultate von 2004: Männer 9,85, Frauen 10,93 Sekunden.) In den darauf folgenden Spielen würden Frauen sogar durchwegs schneller laufen als die Herren der Schöpfung. Das schöne Geschlecht wäre dann auch das schnelle Geschlecht.

Die vier Wissenschafter benutzen für diese Berechnungen die so genannte Regressionsanalyse, ein statistisches Hilfsmittel, mit dem ermittelt werden kann, wie Beobachtungswerte zu- oder abnehmen. Laut dieser Analyse sanken die Siegeszeiten der Männer von 1928 bis heute um durchschnittlich 0,11 Sekunden pro Jahrzehnt, die der Frauen aber um 0,17 Sekunden. Die Forscher machten daraufhin flugs einige Hochrechnungen, extrapolierten die Siegeszeiten für die kommenden 152 Jahre und kamen so zu den unglaublichen 8,1 Sekunden.

Die für männliche Sportler höchst Besorgnis erregende Angelegenheit wurde allenthalben mit grossem Ernst diskutiert. Zeitschriften in aller Welt rätselten über die physiologischen Hintergründe, die die Königsdisziplin der Leichtathletik auf den Kopf stellen werden. Ist es ein grösseres Wachstum der weiblichen Muskelmasse, eine unzureichende Testosteronzufuhr bei den Männern oder die Einnahme verbotener Drogen, die die Vorherrschaft zu einer Vorfrauschaft machen werden? Was nicht zur Sprache kam, war die Frage, ob die Autoren die statistischen Hilfsmittel korrekt angewandt hatten. Zu gross ist offenbar das Renommee von «Nature».

Trotzdem dürfen die männlichen Sportler aufatmen, denn die vier Forscher hatten bei der Auswertung ihrer statistischen Resultate einen schwer wiegenden Fehler begangen. Ein Grundsatz der Regressionsanalyse besagt nämlich, dass Resultate nicht über den Beobachtungszeitraum hinaus prophezeit werden dürfen. Der Unsinn, den die Forscher auftischten, wird offensichtlich, wenn man ihre Schlussfolgerung noch etwas weiterzieht. Laut der von den Autoren angewandten Methode würden Männer nämlich im Jahr 2892 den Sprint mit Lichtgeschwindigkeit absolvieren, und die Damen würden für die 100 Meter eine negative Zeit brauchen. Die Regeln über Fehlstarts müssten dann angepasst werden, denn die Sportlerinnen würden das Zielband zerreissen, noch bevor der Startschuss ertönt wäre. Und umgekehrt müsste der vorolympische Held Achilles die 100 Meter in gemächlichen 43 Sekunden gelaufen sein, während Penthesilea für die gleiche Strecke über eine Minute gebraucht haben müsste. Kein Wunder, dass Achilles ihr im Zweikampf überlegen war. Damals waren Männer eben noch echte Kerle.

Das Geheimnis des Fehlschlusses ist, dass Bäume nicht in den Himmel wachsen und Wachstumsraten die leidige Tendenz haben, abzuflachen. Im Sport bedeutet dies, dass die Siegeszeiten der Männer und Frauen möglicherweise bei 9,5 und 10,5 Sekunden ein Plateau erreichen werden. Ignoriert man dieses Faktum, kann mancher Unsinn statistisch «bewiesen» werden: Das Pro-Kopf-Einkommen der Chinesen wird dereinst höher sein als dasjenige der Amerikaner, unsere Lebenserwartung wird in einigen Jahrzehnten 120 Jahre betragen, der Wert einer Google-Aktie wird in Kürze das Bruttosozialprodukt der USA übersteigen. «Nature» ist keineswegs die erste Zeitschrift, die diesen Irrtum verbreitete. Der Autor erinnert sich an eine Meldung aus den Sechzigerjahren des vergangenen Jahrhunderts, die in der Wochenzeitung «Sport» erschien. Auf der ersten Seite wurde verkündet, dass aufgrund von Hochrechnungen vergangener Resultate feststehe, dass in zwanzig Jahren ein Schweizer den Weltrekord im 400-Meter-Lauf halten werde. Es kam, wie es kommen musste: Der 400-Meter-Weltrekord liegt seitdem fest in amerikanischen Händen.

Das unsachgemässe Hantieren mit Statistiken kann aber auch gefährliche Missbräuche nach sich ziehen. Vor der Volksabstimmung über die erleichterte Einbürgerung von Ausländern im September 2004 verbreitete das «überparteiliche Komitee gegen Masseneinbürgerungen» bekanntlich in grossformatigen Anzeigen, dass der prozentuale Anteil der Muslime an der Schweizer Gesamtbevölkerung im Jahr 2040 72 Prozent betragen werde, falls das Wahlvolk die angeblich ungebremste Einbürgerung nicht stoppe. Wie kommt dieses Resultat zustande?

Im Jahr 1990 betrug der Anteil der Muslime 2,2 Prozent, zehn Jahre später waren es 4,5 Prozent. Es ist also unbestreitbar, dass sich der Anteil der Muslime innerhalb eines Jahrzehnts verdoppelt hat. Aus diesen beiden Zahlen schloss nun das «überparteiliche Komitee», dass im Jahr 2010 9 Prozent der Schweizer Muslime sein werden, 2020 18 Prozent, 2030 36 Prozent und – horror horroris – 2040 72 Prozent. Glücklicherweise hörten die Überparteilichen zu diesem Zeitpunkt mit den düsteren Prognosen auf, denn was im Jahr 2050 auf das Schweizervolk zuzukommen drohte, wäre noch viel schrecklicher gewesen: Der Anteil der Muslime an der Gesamtbevölkerung wäre dannzumal auf 144 Prozent angewachsen, der Anteil «echter» Schweizer somit auf minus 44 Prozent gefallen. Dieses Szenario hätte dann wohl auch simple Wähler stutzig gemacht.

So einfach ist es, einen Modetrend aufzuspüren

Welche Suchstrategie sollen Fallschirmgrenadiere anwenden, die nachts über feindlichem Gebiet abgesprungen sind und – ohne zentrale Weisungen und ohne Zurufen – in einem finsteren Wald zueinander finden müssen? Wie einigen sich Vorstandsmitglieder, deren Vorsitzender abwesend ist, auf eine Geschäftsstrategie? Wie entscheiden Teenager, dass ein Modetrend cool ist? Und wie kann ein Symphonieorchester ohne Dirigent ein Stück spielen?

Es geht dabei nicht um die Suche nach der optimalen Lösung. Die Soldaten treffen sich nicht auf dem höchsten Hügel, der Vorstand einigt sich nicht auf die profitabelste Geschäftsstrategie. Die Leute sollen einfach zusammenfinden. Die Schwierigkeit besteht in den Bedingungen: Niemand kommuniziert, niemand leitet, und niemand hat den Überblick. Vor den Musikern steht kein Taktstock schwingender Dirigent, die Vorstandsmitglieder diskutieren nicht miteinander, die Halbstarken besitzen keinen Tonangeber, und die Fallschirmspringer können nur die unmittelbare Umgebung überschauen. Alle führen die Suche – jeder für sich völlig kurzsichtig – selbständig durch.

Die Schwierigkeiten scheinen unüberwindbar, und doch besitzt das Problem eine relativ einfache Lösung.

Zwei Mathematiker der Harvard University veröffentlichten in der Fachzeitschrift «Proceedings of the National Academy of Sciences» eine Arbeit, in der sie mit Hilfe von Graphentheorie, Evolutionstheorie und Wirtschaftstheorie zeigten, dass eine denkbar einfache Suchstrategie in solchen und ähnlichen Fällen meistens zum Ziel führt. In ihrer Arbeit orientierten sich Martin Nowak und sein Doktorand Frederick Matsen an den Theorien von Herbert Simon, Nobelpreisträger für Wirtschaftswissenschaften. Dieser vertrat die Meinung, dass die Anzahl von Waren und Dienstleistungen, aus denen ein Konsument seine Auswahl treffen muss, sowie ihre Preise, Qualitäten, Lieferzeiten und anderen Eigenschaften so vielfältig sind, dass sich niemand durch den Wust von Informationen durcharbeiten und dann erst noch den optimalen Warenkorb berechnen kann. Deshalb setzten sich Konsumenten, so Simon, einfach ein Ziel und beendeten ihre Suche nach einem besseren Warenkorb, sobald sie das gewünschte Niveau erreicht haben. Zwar hätten sie dann nicht unbedingt den optimalen Korb, aber sie seien zumindest zufriedengestellt.

Zur Herleitung einer funktionierenden Suchstrategie legten die Mathematiker ein Netz zugrunde, dessen Knoten die möglichen Optionen der Suche darstellen. Die Verbindungen zwischen den Knoten sind die möglichen Pfade von einer Option zur anderen. Eine Strategie könnte zum Beispiel darin bestehen, auf dem Netz herumzuhüpfen, bis alle Sucher auf dem gleichen Knoten landen. Übertragen auf die Fallschirmgrenadiere, bedeutet das, dass die Soldaten herumwandern, bis sie plötzlich alle bei irgendeinem Baum zusammentreffen. Natürlich wird dies per Zufall kaum jemals geschehen. Die Analysen der beiden Mathematiker bewiesen aber, dass sich die Suchenden durch die Befolgung einer äusserst einfachen Regel meist auf einen – für alle verbindlichen – Knoten einigen können. Falls das Netz gewisse Bedingungen erfüllt, genügt die Regel «Wandere herum, bis du einen Knoten findest, auf den gleichzeitig zwei Kollegen gestossen sind». Nach und nach werden alle anderen Menschen auf den gleichen Knoten stossen und stehen bleiben. Zwar wäre denkbar, dass auf dem Netz mehrere separate Sammelpunkte entstehen könnten, doch zeigten Simulationen, dass dies fast nie der Fall ist. Diese Strategie ist ein Beispiel für Simons Theorie, denn die Suchenden stellen ihre Suche ein, sobald sie das gesteckte Ziel – auf zwei Kollegen zu stossen – erreicht haben.

Die Regel «Wandere im Wald herum, bis du gleichzeitig auf zwei Kameraden triffst» führt also bei den Fallschirmspringern zum Ziel. Vorstandsmitglieder können mit der Maxime «Sehe dir die Geschäftsstrategien an, bis du auf eine stösst, die gerade auch von zwei Kollegen untersucht wird» ebenfalls getrost in die Zukunft blicken, und die Anleitung «Wechsle die Ausstattung, bis zwei Freundinnen die gleichen Pullis wie du tragen» sollte auch bei den ach so individualistischen Teens funktionieren. Und wie steht es mit dem Orchester? Nun, da hapert es ein bisschen. Da es ja nicht darum geht, eine besonders ansprechende Melodie zu finden, wird das Ensemble zwar auf einem musikalischen Knoten zusammenfinden, aber die gespielte Musik wird doch eher kakophonisch tönen.

Die Bibel erzählt, wie sich Abraham und Lot das Heilige Land teilten. In der Nähe von Beth-El zog der Onkel eine imaginäre Linie von Norden nach Süden und liess seinen Neffen auswählen: «Gehst du nach rechts, gehe ich nach links. Gehst du nach links, gehe ich nach rechts.» Die beiden Teile, die Abraham seinem Neffen zur Auswahl anbot, waren nicht gleichwertig. Der östliche Teil, die Jordansenke, war mit üppiger Vegetation bewachsen, während der westliche Teil eine unbekannte Hügellandschaft war. Aber es ging Abraham offenbar gar nicht darum, das Land objektiv in zwei Teile gleicher Grösse oder gleichen Werts zu zerstückeln. Es genügte, dass die Böden westlich und östlich der durch Beth-El verlaufenden Linie in seinen Augen gleichwertig waren.

Der auf seinen materiellen Vorteil bedachte Lot wählte den Osten und konnte sich in der Überzeugung wiegen, dass er mehr als die strikte Hälfte erhalten hatte. Abraham durfte mit Kanaan auch zufrieden sein, da er im Vornherein zwischen den beiden Teilen indifferent war. Sowohl Onkel als auch Neffe hatten in ihren eigenen Einschätzungen mindestens die Hälfte des Gesamtwertes erhalten. Die Geschichte beschreibt, was Mathematiker und Ökonomen eine faire Teilung nennen. Keiner der beiden Partner kommt sich übervorteilt vor. Die Methode wird natürlich schon im Vorschulalter verwendet, wenn Peterli und Ruedi ein Stück Schokolade unter sich aufteilen: Peterli bricht das Stück entzwei, Ruedi wählt aus. Aber was tun, wenn die Schokolade eine Haselnuss enthält, wenn also das zu teilende Objekt – so wie im Falle des Heiligen Landes – nicht homogen ist? Wenn die Partner die Komponenten des aufzuteilenden Objekts anders einschätzen als der Markt, könnten sie vermeintliche Mehr- und Minderwerte unter sich mit Geld abgelten. Aber welche Summe sollen in Scheidung stehende Eltern auf das Sorgerecht für die Kinder setzen? Und was tun, wenn das Stück Schokolade unter drei oder mehrere Schüler aufgeteilt werden soll?

Mit letzterer Frage, die schwieriger ist, als sie scheint, befasste sich in den 1940er-Jahren der polnische Mathematiker Hugo Steinhaus (1887–1972). Er stellte die Forderung, dass eine faire Teilung proportional sein müsse (d. h. jeder ist überzeugt, dass er mindestens den ihm zustehenden Bruchteil erhalten hat) und keinen Neid erregen darf (d. h. keiner hätte gerne den Teil eines anderen). Dann bewies er, dass es Methoden für die Aufteilung unter beliebig viele Personen geben muss, die beide Voraussetzungen erfüllen. Allerdings gelang es ihm bloss, die Existenz eines Algorithmus zu beweisen. Einen wirklichen Teilungsprozess fand er bloss für drei Personen, der zudem nicht frei von Neiderregung war.

1962 stiessen die Mathematiker John H. Conway und John Selfridge gleichzeitig, aber unabhängig voneinander auf eine Teilungsmethode für drei Personen, die proportional war und keinen Neid erregte. Sagen wir Albert, Bertha und Charly wollen einen Kuchen teilen. Albert teilt ihn in drei Teile, die ihm gleichwertig scheinen. Aber Bertha hält die Teile für nicht äquivalent und schneidet von dem in ihren Augen grössten Teil ein wenig ab, bis er – wiederum in ihren Augen – gleich gross ist wie der zweitgrösste Teil. Jedes der beiden Stücke wäre für sie akzeptabel. Charly darf nun aus den drei Teilen dasjenige auswählen, das ihm am besten zusagt. Dann nimmt sich Bertha das abgeschnittene Stück oder das vormals zweitgrösste. Sie wird niemanden beneiden, denn sie erhielt ja eines der beiden akzeptablen Stücke. Als Letzter ist Albert dran, für den eines der von ihm selber geschnittenen Stücke übrig geblieben ist und der somit auch nicht protestiert. Alle sind zufrieden, aber was geschieht mit dem Rest? Mit ihm fängt in einer neuen Verteilrunde alles wieder von vorne an.

Im Prinzip nimmt die Methode nie ein Ende, immer kleinere Krumen müssten unendlich lange weiter verteilt werden. Es gab einen berühmten Fall der praktischen Anwendung der Methode, die aus einer Zeit stammt, da Steinhaus noch damit kämpfte, das Problem theoretisch in den Griff zu bekommen. Im Februar 1945 beschlossen die Alliierten in Jalta, Deutschland unter sich aufzuteilen. Über die Art der Zerstückelung konnten sie sich jedoch erst einigen, nachdem Berlin aus dem russischen Sektor herausgenommen und seinerseits aufgeteilt worden war.

Strikt genommen ist die Restmethode nur für drei Personen gültig. 1995 gelang es aber den Mathematikern

Steven Brams und Alan Taylor, einen Algorithmus zu erfinden, der auf eine beliebig grosse Anzahl von Personen angewandt werden kann. Allerdings bedingt ihre Methode eine grosse Zahl von Kuchenteilungen, die sich mit jedem zusätzlichen Kontrahenten nochmals verdoppelt. Trotzdem liessen die beiden Professoren ihre Idee zur Sicherheit patentieren. Wer Genaueres wissen will und erfahren möchte, wie sich die Methode bei der Scheidung von Ivana und Donald Trump auf die Gütertrennung ausgewirkt hätte, kann Patent Nummer 5,983,205 auf der Webseite des US Patent Office einsehen.

Den besten Papst und den besten Song wählen

Als sich im April 2005 115 Kardinäle in die Sixtinische Kapelle zurückzogen, um den neuen Papst zu wählen, wussten sie nicht, wie viele Abstimmungsrunden sie durchstehen müssten, denn für eine erfolgreiche Wahl muss ein Kardinal mindestens zwei Drittel der Stimmen auf sich vereinen. Eine fast ebenso bedeutsame Entscheidung wurde im Mai 2005 gefällt. 24 Sänger und Sängerinnen zogen sich in den «Palats Sportu» in Kiew zurück, um am Eurovision-Songfestival den besten – oder zumindest den am wenigsten schlechten – Song zu küren. Auch da kam ein ausgeklügeltes System zur Bestimmung des Siegers zum Zuge.

Eine der grossen demokratischen Errungenschaften ist das Prinzip, dass jedem Bürger und jeder Bürgerin eine Stimme gebührt. Die in der freien Welt praktizierte Wahlmethode hat aber einen Nachteil. Wenn jeder Wähler seine Stimme bloss dem bevorzugten Kandidaten schenken kann, ist nicht klar, wie stark er ihn bevorzugt. Vielleicht bevorzugt der eine einen bestimmten Kandidaten nur ein ganz klein wenig, während ein anderer diesen unbedingt allen anderen vorzieht. Die Rangierung der Kandidaten kann sich im Prinzip «Ein Mann/eine Frau, eine Stimme» nicht ausdrücken, was dazu führen kann, dass die Mehrheit der Wählenden einen Kompromisskandidaten kürt, den eigentlich niemand haben wollte. Der französische Offizier und Mathematiker Jean-Charles de Borda (1733–1799) schlug deshalb der Académie des Sciences in Paris 1770 ein Wahlverfahren vor, das den Wählern erlaubt, ihre Präferenzen besser zum Ausdruck zu bringen. Laut dieser Methode gibt jeder Elektor bei einer Wahl mit z. B. fünf Bewerbern dem bevorzugten Kandidaten vier Punkte und den Nächstrangierten drei, zwei, einen und null. Der Kandidat mit der grössten Summe von Punkten gilt als gewählt.

Bordas Zeitgenossen, dem Marquis de Condorcet (1743–1794), gefiel die Methode jedoch gar nicht. Der Mathematiker und Staatsmann bemängelte, dass Bordas Methode Intrigen zulasse. Eine Gruppe von Wählern könnte sich zusammentun und einen Mitbewerber, der ihrem bevorzugten Kandidaten gefährlich werden könnte, ausstechen, indem sie ihn durchwegs an die punktelose letzte Stelle setzen. Als Resultat könnte ein drittrangiger Kompromisskandidat ungewollt Wahlsieger sein.

Als Ausweg schlug Condorcet vor, die Kandidaten in Zweier-Runden – jeder gegen jeden – antreten zu lassen und in jeder Runde den jeweils besseren Mitbewerber durch Mehrheitsbeschluss zu bestimmen. Der Kandidat, der sämtliche Konkurrenten schlägt, muss offensichtlich der überlegene Sieger sein. Das System ist äusserst zeit- und nervenaufreibend. Bei 115 Kardinälen könnte es bis zu 6555 Zweier-Runden brauchen, um einen unangefochtenen Sieger zu bestimmen. Und die Songs des Eurovision-Festivals müsste man sich ad nauseam anhören. Noch gravierender an Condorcets Methode ist aber, dass es meistens gar keinen Kandidaten gibt, der sämtliche Gegner schlagen würde. Auch ein ausgezeichneter Kandidat unterliegt im Allgemeinen mindestens einigen seiner Mitbewerber.

Kurz gesagt, das ideale Wahlverfahren gibt es nicht. In Schachturnieren wird die Condorcet-Methode benützt, alle spielen gegen alle, in Tennisturnieren verringert sich die Zahl der Konkurrenten in jeder Runde um die Hälfte. Im Fussball wird in den Ausscheidungsrunden die Condorcet-Methode praktiziert, worauf die Gruppengewinner in der Finalrunde ausgelost werden. Der Eurovision-Wettbewerb benützt eine Abwandlung der Borda-Methode: Die Länderjurys geben etwa der Hälfte der Songs keine Punkte, den nächstbesten zehn Liedern sprechen sie zwischen einem und zehn Punkten zu, und dem bevorzugten Song gewähren sie «douze points».

Wieso ausgerechnet «douze points»? Einfach so. Dabei könnte das Resultat ganz anders aussehen, wenn Jurys ihren liebsten Songs elf oder dreizehn oder zwanzig Punkte gewähren dürften. Für die Forderung einer Zweidrittelmehrheit bei der Papstwahl gibt es jedoch einen triftigen Grund: Mindestens die Hälfte der Befürworter des siegreichen Kandidaten müsste zu den Gegnern überschwenken, damit diese die benötigte Mehrheit erhielten. Und da der Papst ja unfehlbar ist, muss dies wohl seine Richtigkeit haben.

Botschaften des Allmächtigen oder zurechtgeschusterte Daten?

Als die Fachzeitschrift «Statistical Science» 1994 beschloss, die Arbeit «Equidistant Letter Sequences in the Book of Genesis» zu veröffentlichen, wussten die Redaktoren nicht, dass sie eine Kontroverse entfachen würden, die auch zehn Jahre später nicht entschieden sein würde. In dem Artikel wurde die Frage aufgeworfen, ob in der Bibel geheime Botschaften verborgen sind, die auf zukünftige Begebenheiten hinweisen. Laut jüdischer Tradition darf der hebräische Text der Bibel nicht um einen einzigen Buchstaben verändert werden. Deshalb ist der Inhalt – so der Glaube – seit seiner Niederschrift durch Moses mit dem von Gott diktierten Text identisch.

Drei israelische Autoren, Doron Witztum, Eliyahu Rips und Yoav Rosenberg, meinten damals, einen statistischen Beweis für das Vorhandensein von Bibelcodes gefunden zu haben: Wenn die Wörter des Buches Genesis ohne Leerzeichen aneinander gereiht und Buchstaben in regelmässigen Abständen herausgepickt werden, entstehen Wörter, die als ELS (equidistant letter sequence) bezeichnet werden. Das alleine ist nicht erstaunlich, denn die Abstände zwischen den Buchstaben können 5, 50, aber auch Tausende von Stellen betragen. Die drei Forscher vertraten jedoch die These, dass die äquidistanten Buchstabenfolgen von zwei Wörtern, die einen inneren Zusammenhang aufweisen, in der Bibel näher beieinander liegen, als man es aufgrund des Zufallsprinzips erwarten sollte. Die genaue Definition des Begriffs «Nähe» ist recht kompliziert. Grob gesprochen bedeutet «nah», dass die ELS von zwei Wörtern in der gleichen Region liegen, wenn man den fortlaufenden Bibeltext in ein Gitter mit fester Zeilenlänge überträgt.

Die israelischen Forscher prüften die Namen sowie die Geburts- und Todesdaten – Ziffern werden im Hebräischen durch Buchstaben dargestellt – von 66 berühmten Rabbinern auf ihr Erscheinen im Buche Genesis. Zu ihrer Genugtuung fanden sie heraus, dass die ELS von Rabbinernamen und -daten tatsächlich signifikant näher beieinander liegen, als es in randomisierten Texten der Fall war oder wenn den Rabbinern falsche Daten zugeordnet wurden. Damit meinten sie mit hoher Wahrscheinlichkeit bewiesen zu haben, dass die Bibel das Erscheinen jüdischer Gelehrter viele Jahrhunderte vor ihrem Auftreten prophezeite.

Die Redaktion von «Statistical Science» nahm die Sache nicht ganz ernst, doch da die mathematischen Hilfsmittel korrekt schienen, stimmten sie der Veröffentlichung zu. Allerdings wurde in der Einleitung auf die Fragwürdigkeit der Arbeit hingewiesen, indem sie nicht als wissenschaftliche Errungenschaft, sondern als Rätsel bezeichnet wurde. Die Arbeit lud zur Nachahmung ein, und Harold Gans, ein Kryptograph der amerikanischen National Security Agency, liess eine Studie folgen, in der er nicht Geburts- und Sterbedaten der Rabbiner zur Verifizierung der These benützte, sondern die Orte, in denen die Gelehrten tätig waren. Auch seine Untersuchung ergab, dass die textliche Nähe der ELS-Paare mit grosser Wahrscheinlichkeit nicht auf Zufälligkeit beruhte.

Die Nachricht, dass möglicherweise Botschaften des Allmächtigen entziffert worden seien, machte Furore. 1997 erschien der erste Bestseller über die «Bible Codes», dem mehrere weitere folgen sollten. Das überbordende Interesse an dem angeblichen Phänomen liess aber auch Skeptiker aufhorchen. Brendan McKay aus Australien und Maya Bar-Hillel, Dror Bar-Natan und Gil Kalai aus Israel machten sich entrüstet daran, den pseudowissenschaftlichen Unsinn zu entlarven. Sie unterzogen die Daten einer eigenen Prüfung und verfassten einen Artikel, der 1999 – nach eingehender Begutachtung durch mehrere Statistiker – in «Statistical Science» publiziert wurde. In ihm behaupteten die Skeptiker, dass die Daten in der ursprünglichen Arbeit «optimiert» worden seien. Dies war eine höfliche Formulierung für den Vorwurf, dass Witztum, Rips und Rosenberg das Rohmaterial der Untersuchung zurechtgezimmert hätten.

Sollten die Redaktoren von «Statistical Science» gemeint haben, dass das Rätsel nun gelöst wäre, so hätten sie sich schwer getäuscht. Die zweite Veröffentlichung heizte den Wirbel erst richtig an. Dass angebliche Geheimbotschaften alsbald auch in Hermann Melvilles «Moby-Dick» und in der englischen Übersetzung von Tolstois «Krieg und Frieden» entdeckt wurden, tat dem Enthusiasmus der Befürworter der Bibelcodes keinen Abbruch.

In dieser Situation beschlossen Wissenschafter vom Center for the Study of Rationality an der Hebräischen Universität in Jerusalem, durch eine nüchterne, streng wissenschaftliche Untersuchung ein für alle Mal Klarheit zu schaffen.

Es konstituierte sich eine fünfköpfige Kommission, die der Sache auf den Grund gehen sollte. Sie bestand aus Befürwortern und Skeptikern, unter ihnen Mathematiker von Weltruf, wie Robert Aumann, ein führender Spieltheoretiker, und Hillel Furstenberg, ein anerkannter Experte für Kombinatorik und Wahrscheinlichkeitstheorie.

Wieso gestaltet sich die Überprüfung der wohldokumentierten und für alle Interessierten zugänglichen Arbeiten so schwierig? Das eine Problem ist, dass es im Hebräischen keine Vokale gibt und sinngebende Buchstabenkombination deshalb öfter auftreten als in anderen Sprachen. Zum Beispiel ergibt sich bei einer zufälligen Aneinanderreihung von fünf Buchstaben unseres Alphabets die Ortsbezeichnung «Basel» mit einer Wahrscheinlichkeit von 1 zu 12 Millionen. Ohne Vokale würde die Buchstabenkombination «Bsl» mit der viel grösseren Wahrscheinlichkeit von 1 zu 17 500 auftreten.

Ein noch wichtigeres Problem ist, dass Namen, Daten und Ortsbezeichnungen – insbesondere beim Transkribieren aus dem Russischen, Polnischen oder Deutschen ins Hebräische – auf verschiedene Arten geschrieben werden können. Wie sollte zum Beispiel der Sterbeort von Rabbi Yehuda Ha-Chasid geschrieben werden, der im 12. Jahrhundert in Deutschland wirkte: Regensburg, Regenspurg oder Regenspurk? Die flexiblen

Schreibweisen gestatten den Forschern viele Freiheiten bei der Aufbereitung der Datenbasis.

Um Zweifel am Datenmaterial auszuräumen, hatte die Kommission unabhängige Experten mit der Sammlung der Ortsbezeichnungen beauftragt. Als Vorsichtsmassnahme sollten die Experten anonym bleiben und schriftlich instruiert werden. Nicht alle Mitglieder der Kommission hielten sich jedoch an diese Spielregeln. So wurde zum Teil mündlich informiert, wobei es mitunter zu Missverständnissen kam. Die Experten verstanden die Vorgaben nicht, machten orthografische Fehler, verwechselten die spanischen Städte Toledo und Tudela, die Rabbiner Sharabi und Shabazi oder Bestattungs- und Sterbeort.

Es kam, wie es in einer solch emotional aufgeladenen Atmosphäre kommen musste. Zwei Kommissionsmitglieder waren schon während der Vorbereitungszeit aus dem Gremium abgesprungen, und von den drei Professoren, die das Anfangsprotokoll aufgesetzt hatten, weigerte sich einer schliesslich, das Schlussprotokoll zu unterzeichnen. So wurde der im Sommer 2004 erschienene «Mehrheitsbericht» bloss von zwei Mitgliedern (Aumann und Furstenberg) verfasst. Zwei andere schrieben Minderheitsberichte, während der Fünfte inzwischen jegliches Interesse an den Bibelcodes verloren hatte und nicht mehr gestört werden wollte. Dass zwei Kommissionsmitglieder von fünf keine Mehrheit darstellen, ist aber nur eine der Ungereimtheiten der Kommissionsarbeit.

Der «Mehrheitsbericht» kam zu dem Schluss, dass keine Geheimbotschaften in der Bibel gefunden werden konnten – was ja nicht gleichbedeutend mit der Aussage ist, dass es keine Bibelcodes gibt. Die beiden Minderheitsberichte lasten dem Experiment an, dass es fehlerhaft angelegt und ausgeführt wurde und somit nicht aussagekräftig ist. Aumann und Furstenberg versuchten, die Vorwürfe zu entkräften, worauf erneute, mit forensischer Akribie erstellte Stellungnahmen folgten. Die Kritiken, Gegenschriften, Erwiderungen der Gegenschriften und Widerlegungen der Erwiderungen füllen unterdessen Aktenordner. Es fielen Worte wie Lüge, Schwindel, Täuschung, Fälschung, die in wissenschaftlichen Diskursen nur selten verwendet werden. Die drei ursprünglichen Autoren offerierten eine Wette über eine Million Dollar, dass im Buch Genesis bessere ELS-Wortpaare vorhanden seien als in Tolstois «Krieg und Frieden». Die Herausforderung wurde von niemandem angenommen.

Die inzwischen publizierten Schlussfolgerungen von Aumann und Furstenberg sprechen denn auch für sich. Während Furstenberg die Befürworter der Bibelcodes auffordert, einen aussagekräftigeren Test zu konzipieren, stellt Aumann resigniert fest, dass sowieso jeder an seiner vorgefassten Meinung festhalten werde. Fazit der Übung: Man ist wieder so weit wie am Anfang.

Ist das Voynich-Manuskript eine Fälschung?

Im Jahr 1912 erwarb der Antiquitätenhändler Wilfried Voynich von italienischen Jesuiten ein reich bebildertes, völlig unleserliches Manuskript. Die Herkunft des fortan Voynich-Manuskript genannten Dokuments kann bis Ende des 16. Jahrhunderts nach Prag zurückverfolgt werden. Damals hatte es Kaiser Rudolf II. von Habsburg von einem unbekannten Händler zu dem stattlichen Preis von 600 Dukaten erstanden. Wissenschafter des Hofes hielten das Manuskript für eine Schrift des Franziskanermönchs und Alchemisten Roger Bacon aus dem 13. Jahrhundert, und der Herrscher wies seine Gelehrten an, den Text zu entschlüsseln. Der Erfolg blieb ihnen jedoch versagt. Der enttäuschte Rudolf verschenkte daraufhin das Manuskript, und schon bald verlief sich seine Spur.

Dem Misserfolg sollten weitere folgen. Seit seiner Wiederentdeckung im Jahr 1912 haben Historiker, Philologen, vatikanische Archivisten, Botaniker, Statistiker, Kryptologen, Mathematiker und weitere Wissenschafter vergeblich versucht, das Manuskript zu entschlüsseln. Diese Misserfolge, so behauptet nun ein britischer Computerwissenschafter, waren vorprogrammiert. Seiner Ansicht nach stammt das Manuskript aus der Feder eines Betrügers und entbehrt jeglicher Bedeutung.

Das einst 232-seitige Manuskript – einige Blätter sind im Laufe der Jahre verloren gegangen – besteht aus Pergament, ist 15 mal 22 Zentimeter gross und etwa 4 Zentimeter dick. Ein Umschlagblatt ist zwar vorhanden, weist aber weder Titel noch Autor auf. Fast alle Blätter sind mit unbekannten Pflanzen, Gestirnen, Symbolen und nackten Frauengestalten illustriert. Das Geheimnisvollste an dem Manuskript ist jedoch der Text. Die elegante, aus etwa drei Dutzend Buchstaben oder Buchstabenkombinationen (Ligaturen) bestehende Schrift ist aus keinem anderen überlieferten Dokument bekannt. Offenbar besteht der Text aus Worten, die durch Abstände voneinander getrennt sind. Manche Worte sind sehr häufig, andere kommen bloss ein einziges Mal vor. Aufgrund der Illustrationen wird vermutet, dass das Manuskript aus sechs Teilen besteht: Pflanzen, Astronomie, Biologie, Kosmologie, Pharmazie und Rezepte.

Den ersten Versuch zur Dekodierung machte in der Neuzeit ein Philosophieprofessor der University of Pennsylvania 1921. Er meinte, dass die Verschlüsselung auf so genannten Anagrammen, also Buchstabenvertauschungen, beruht. Seine vermeintliche Dekodierung wurde jedoch bald als Irrtum entlarvt. 1945 formierte sich eine Gruppe von Kryptologen in Washington, die nach der Beendigung des Krieges auf ihre Demobilisierung warteten. Das einzige Resultat ihrer Bemühungen war eine Transkription des Texts. Versuche, die vermeintlich vorhandene Syntax und Grammatik zu identifizieren, blieben so fruchtlos wie die Vermutungen, dass das Manuskript aus verschlüsselten lateinischen Abkürzungen, dem Wortschwall eines Schizophrenen oder einem ukrainischen Text, aus dem alle Vokale entfernt worden seien, bestehe.

Unter den Experten, die sich den Illustrationen zuwandten, kam es ebenfalls zu Kontroversen. Ein Fachmann für mittelalterliche Texte zur Alchemie war aufgrund des Schriftbilds überzeugt, dass der Text spätestens 1460 geschrieben worden sei. Hingegen meinte ein Botaniker, in den Illustrationen einige Pflanzen aus der Neuen Welt zu erkennen, womit die Urheberschaft ins frühe 16. Jahrhundert rücken würde.

In den letzten Jahrzehnten wurden Elektronenrechner zur Analysierung der statistischen Eigenschaften der unbekannten Sprache eingesetzt. Die Frequenzen der Buchstaben, Buchstabenkombinationen und Worte wurden gemessen, die Entropie – das heisst der Informationsgehalt – berechnet, die Korrelationen der Worte über weite Strecken des Textes untersucht. Die mathematischen Methoden der Spektralanalyse, der Clusteranalyse und der so genannten Markow-Ketten wurden zu Hilfe gezogen. Aber ausser der Erkenntnis, dass der Informationsgehalt höher ist als bei zufällig aneinander gereihten Buchstabenfolgen und dass der Text offenbar in zwei verschiedenen Dialekten verfasst wurde, konnte nichts herausgefunden werden. Ein etwas mehr versprechender Ansatz stammt von dem brasilianischen Mathematiker Jorge Stolfi. Er meinte, Vokale und Konsonanten identifiziert zu haben, und stellte fest, dass die Worte meist aus drei Silben zu bestehen scheinen. Aber alles in allem war man mit der Entschlüsselung nicht weiter als die Gelehrten am Hof des Kaisers Rudolf II.

Da man nicht daran glauben wollte, dass ein Gelehrter aus der Renaissance eine Verschlüsselungsmethode erfunden haben könnte, die allen modernen Attacken standhält, wurden zwei weitere Möglichkeiten in Betracht gezogen: Ein ungeschickter Schreiber könnte bei der Verschlüsselung so viele Fehler gemacht haben, dass eine Entzifferung des ursprünglichen Textes gar nicht mehr möglich ist; oder es könnte sich bei dem Text um einen 400 Jahre alten Streich handeln, mit dem ein Gauner Kaiser Rudolf um sein Geld geprellt hatte. Gegen die These von Verschlüsselungs- und Kopierfehlern spricht die Sorgfalt bei der Herstellung des Textes und gegen die These eines Streichs, dass es eines immensen Aufwandes bedurft hätte, ein Manuskript herzustellen, das zwar ohne Bedeutung ist, aber doch so viele linguistische Strukturen aufweist.

Just der letzte Einwand wird nun durch eine Untersuchung von Gordon Rugg von der Keele University in Grossbritannien entkräftet. Der Computerwissenschafter baute auf Stolfis Theorie der drei Silben auf. Zuerst füllte er eine Tabelle nach dem Zufallsprinzip mit Silben, wobei aber verschiedenartige Zeichenkombinationen – in variierenden Frequenzen – in die Kolumnen für Vor-, Haupt- und Nachsilbe eingetragen werden. Sodann schob er ein so genanntes Cardan-Gitter – eine Art Schablone, die für jede Silbe ein Fenster aufweist – von links nach rechts über die Tabelle. (Cardan-Gitter dienten im 16. Jahrhundert als Verschlüsselungsgeräte.) Die Zeichenfolgen, die jeweils in den drei Fenstern erschienen, wurden transkribiert, und ein dreisilbiges Kauderwelsch entstand, das grosse Ähnlichkeiten mit dem Buchstabensalat im Voynich-Manuskript aufwies.

Da die Frequenz der Worte und die Art der Silbenkombinationen auf der zugrunde liegenden Tabelle beruhen, weist der Text auch die statistischen Eigenschaften der Tabelle und damit eine vermeintliche linguistische Struktur auf. Die beiden Dialekte wären auf die Verwendung verschiedener Tabellen zurückzuführen. Rugg meint, dass ein Schreiber für die Produktion des 234 Seiten starken Manuskripts nicht mehr als etwa drei Monate gebraucht hätte. Als Übeltäter kommt der Alchemist und Winkeladvokat Edward Kelley in Frage, dessen Betrügereien im 16. Jahrhundert notorisch waren.

Allerdings stellt Ruggs Arbeit noch keinen Beweis für das Vorliegen eines Betrugs dar. Sie zeigt bloss, dass diese These eine plausible Erklärung sein könnte. Aber Skeptiker werden sich nicht so rasch abfertigen lassen, und das Voynich-Manuskript wird die Aura des Geheimnisvollen wohl noch einige Zeit beibehalten.

Das Leben wird wieder kürzer

Schlechte Nachrichten für Menschen aus industrialisierten Ländern: Unsere Lebenserwartung muss ein wenig nach unten revidiert werden. Zu diesem Ergebnis kamen die beiden Demographen John Bongaarts vom «Population Council» (einem 1952 von John Rockefeller gegründeten Forschungsinstitut) und Griffith Feeney von der statistischen Abteilung der Vereinten Nationen. Sie unterzogen die Methoden, die seit 150 Jahren zur Berechnung der Lebenserwartung benützt werden, einer eingehenden Analyse und stellten fest, dass sie das durchschnittliche Todesalter überschätzen. Die verlangte Korrektur ist nicht sehr gross – zum Beispiel muss die Lebenserwartung amerikanischer Frauen um weniger als 20 Monate, von 79,9 Jahren auf 78,3 Jahre, zurückgestutzt werden (es wurden nur Frauen untersucht). Und auch Damen, die sich dem besagten Alter nähern, können sich mit der Tatsache trösten, dass der Wert ja nur im Durchschnitt gilt. Aber das Ergebnis, das im November 2003 in den «Proceedings of the National Academy of Sciences» veröffentlicht wurde, wird Pensionskassen, AHV und Krankenkassen einige Knacknüsse aufgeben.

Die Lebenserwartung eines Menschen wird als das durchschnittliche Todesalter einer Gruppe von Menschen berechnet, die von ihrer Geburt an bis zu dem Zeitpunkt beobachtet wird, da der letzte von ihnen stirbt. Die aus solchen Beobachtungen gewonnenen Statistiken werden zu so genannten Sterbetafeln verarbeitet (die auf Englisch sympathischerweise «life tables» heissen). Sie erlauben zum Beispiel die Berechnung der Wahrscheinlichkeit, dass ein heute 70-jähriger Mann noch 20 Jahre leben wird.

Aber ist es richtig, zur Abschätzung der Lebenserwartung eines Babys, das im Jahr 2003 geboren wird, historische Fakten, die etwa ein Jahrhundert zurückgehen, heranzuziehen? Die Lebensumstände haben sich während einer solch langen Zeitspanne ja grundlegend verändert. Grössere Hygiene, ein moderneres Gesundheitswesen, bessere Ernährung bewirkten, dass Menschen heute länger leben als vor einem Jahrhundert.

Somit sind Sterbetafeln mit Fehlern behaftet, und die aus ihnen berechnete Lebenserwartung zeichnet ein zu pessimistisches Bild. Ein im Jahr 2003 geborenes Kind darf mit fast 80 Lebensjahren rechnen, während die Lebenserwartung für ein Baby, das im Jahr 1903 in den Vereinigten Staaten auf die Welt kam, kaum 50 Jahre betrug. Und während Pensionskassen zur Mitte des vergangenen Jahrhunderts bloss etwa 5 Jahre lang Zahlungen leisten mussten, beziehen Rentner heutzutage ihre Pension während etwa 15 Jahren.

Diese Fehler waren schon vor langer Zeit erkannt und korrigiert worden. Aber nun entdeckten Bongaarts und Feeney einen neuen Fehler, der in die andere Richtung weist. Die beiden Wissenschafter fanden heraus, dass es bei veränderlicher Lebenserwartung einen so genannten

«Tempoeffekt» gibt, der auch die korrigierten Sterbetafeln nur beschränkt brauchbar macht. Solange die Lebenserwartung wächst, schraubt der Tempoeffekt das berechnete Sterbealter nämlich künstlich hoch, bevor es wieder auf das richtige Niveau hinunterfällt. (Wenn die Lebenserwartung fällt, gilt der Tempoeffekt in der umgekehrten Richtung.) Die Autoren illustrieren diesen von ihnen entdeckten Tempoeffekt mit einer imaginären Pille, die die Lebenserwartung aller Menschen um drei Monate verlängert. Würde die gesamte Bevölkerung die Pille am 1. Januar nehmen, gäbe es in den ersten drei Monaten des Jahres überhaupt keine Todesfälle. Obwohl die Lebenserwartung nach Einnahme der Pille für die gesamte Bevölkerung um genau drei Monate erhöht würde, würden also Sterbetafeln, die auf der Basis dieses einen Jahres kompiliert wurden, falsche Ergebnisse produzieren.

Der Tempoeffekt tritt immer dann auf, wenn sich eine Variable ausdehnt oder reduziert. Zum Beispiel wird die durchschnittliche Ausbildungszeit von Jugendlichen überschätzt, solange die Tendenz besteht, länger zur Schule zu gehen, und die Länge der Spitalaufenthalte nach Eingriffen wird unterschätzt, wenn sie sich wegen verbesserter Operationstechniken verkürzt.

Falls sich das Forschungsresultat bestätigt, wird es einen grossen Einfluss auf die Lebensversicherungen haben. Um sich ein Bild von den Milliardensummen zu machen, multipliziere man die 20 monatlichen Rentenzahlungen, die laut Bongaarts und Feeney nicht ausbezahlt werden müssten, mit der Anzahl der Pensionsberechtigten in einem Land.

Verbrecherjagd mit Köpfchen statt Fäusten

Fernsehserien, die mathematische Theorie zum Thema haben? Das hätten wohl die wenigsten erwartet, und doch ist es genau das, was die amerikanische Fernsehkette CBS ihren Zuschauern mit der neuen Krimiserie «Numb3rs» jeden Freitagabend zur Hauptsendezeit vorsetzt. Noch erstaunlicher mag es scheinen, dass allwöchentlich etwa 15 Millionen Amerikaner die Serie über forensische Mathematik verfolgen. Bei der ersten Ausstrahlung am 23. Januar 2005 waren es sogar 25 Millionen.

Ganz unerwartet kommt das Publikumsinteresse an der Mathematik allerdings nicht. In den letzten Jahren haben Theaterstücke mit mathematischem Inhalt wie Tom Stoppards «Arcadia» und David Auburns «Proof», Filme wie «Good Will Hunting» und «A Beautiful Mind» und Bücher wie «Fermats letzter Satz» und «Musik der Primzahlen» unerwartet grosse Erfolge gefeiert. Nun tat die Mathematik den zwingenden nächsten Schritt und eroberte das Fernsehen.

Die Formel, die CBS mit der Serie «Numb3rs» fand, ist interessant. Der FBI-Beamte Don Eppes (gespielt von Rob Morrow, der durch die Serie «Northern Exposure» bekannt wurde) steht jeweils vor Problemen, die unlösbar scheinen. Er ruft seinen Bruder, das Mathematikgenie Charlie, zu Hilfe. Dieser ist Professor an der technischen Hochschule CalSci, ein dünn verschleierter Hinweis auf CalTech, das California Institute of Technology. Charlie hat jeweils eine geeignete Theorie oder eine passende Methode parat, mit der das Verbrechen flugs gelöst und die Übeltäter dingfest gemacht werden.

«Wir benützen jeden Tag Mathematik, etwa um das Wetter vorherzusagen, festzustellen, wie spät es ist, um Geldgeschäfte zu tätigen», heisst es im Vorspann zu jeder Folge. «Wir benützen Mathematik auch, um Verbrechen zu analysieren, Muster aufzudecken und Verhalten vorauszuberechnen. Mit Zahlen können wir die grössten Geheimnisse lösen, die wir kennen.» Das alles stimmt, bis auf die Bemerkung, dass es Zahlen sind, die die Geheimnisse lösen, denn Mathematik besteht aus weit mehr als numerischen Manipulationen.

Glücklicherweise wussten die Produzenten das auch; und so bedient die Serie keine läppischen Vorurteile über Mathematik und Mathematiker. Die Theorien, die Lehrsätze und die Logik sind solide, um nicht zu sagen rigoros. Dies erstaunt nicht, denn die Autoren – das Ehepaar Cheryl Heuton und Nick Falacci – liessen sich bei ihrer Arbeit von ausgewiesenen Fachleuten beraten. Hauptberater der CBS für die Serie ist Gary Lorden, Vorsteher der Abteilung für Mathematik am CalTech. Er ist Statistiker und wird in seiner Beratertätigkeit von Zahlentheoretikern, Kombinatorikern und Topologen aus seiner Abteilung unterstützt. Die Hand, mit der Gleichungen und Graphen in Nahaufnahme auf Tafeln produziert werden, gehört übrigens einem seiner Doktoranden, denn um die für Uneingeweihte wie Hieroglyphen aussehenden Formeln blitzschnell hinzuwerfen, braucht es offenbar doch einen professionellen Mathematiker.

Erstaunlicherweise gelingt es den Produzenten, die Spannung trotz der ach so trockenen Mathematik aufrechtzuerhalten. Die ersten drei Sendungen, die auf wirklichen Begebenheiten beruhen, haben Mustererkennung zum Thema. Einem Serienvergewaltiger, einer Bande von Bankräubern und schliesslich einem Biochemiker, der ein gefährliches Virus freisetzt, muss das Handwerk gelegt werden. Die Adressen der Vergewaltigten, der überfallenen Banken und der Erkrankungsfälle bieten dem Mathematikgenie Charlie die geeigneten Schemata zur Lokalisierung der Bösewichte. In der vierten Sendefolge geht es um Baustatik, in der fünften um einen Algorithmus zur Zerlegung grosser Primzahlen in ihre Faktoren. Manchmal tauchen im Laufe von Charlies Untersuchungen Schwierigkeiten auf – eine ungestützte Annahme, ein falscher Datenpunkt, eine irrige Schlussfolgerung –, die die mathematische Analyse interessant machen und den Sendungen unerwartete Wendungen geben.

Zuweilen senden die mathematischen Berater der Serie Signale, die eher für Eingeweihte gedacht sind. Wenn Charlie über das berühmte «P versus NP Problem» philosophiert – eine ungelöste Frage aus der Computerwissenschaft über die Berechenbarkeit gewisser Aufgaben innert nützlicher Zeit – und gleichzeitig auf seinem Laptop «Minesweeper» spielt, wissen wohl nicht alle

Zuschauer, dass vor kurzem bewiesen wurde, dass das Computerspiel zur Klasse der so genannten NP-kompletten Probleme gehört. Zuweilen geht die Mathematisierung aber etwas zu weit. Man muss nicht Atomphysiker sein und die Heisenbergsche Unschärferelation bemühen, um sich auszurechnen, dass ertappte Bösewichte bei künftigen Überfällen ihre Strategie ändern werden.

Insgesamt leistet «Numb3rs» einen positiven Beitrag zur Darstellung einer oft als esoterisch verschrieenen Wissenschaft. Mathematiker werden zwar als Sonderlinge, nicht aber als Fachidioten dargestellt, und «Numbers» zeigt, dass Mathematik durchaus «cool» sein kann. Keith Devlin von der Stanford University hofft, dass junge Leute nach Ausstrahlung der Serie vermehrt Mathematik als Studienfach aufnehmen würden. Die Krimiserie beweist, dass Resultate mathematischer Forschung nicht nur in dichten, dunklen Fachartikeln verbreitet werden müssen, sondern der Öffentlichkeit und sogar den Fachkollegen durch Erzählungen, Filme und Theaterstücke zugänglich gemacht werden können. Die erzählerische Aufbereitung der Mathematik war übrigens das Thema einer im Juli 2005 auf der griechischen Insel Mykonos abgehaltenen Fachtagung mit dem Titel «Math and Narrative».

Hilfsmittel zur Modellierung des Luftverkehrs

Kontroll- und Leitsysteme werden immer komplexer, und Entscheidungen werden zunehmend dezentralisiert getroffen. Ein Beispiel für ein solches System, in dem überdies die Sicherheit eine überragende Rolle spielt, ist die Überwachung und Führung des Flugverkehrs. Die Kontrolle des Luftraums funktioniert gut und weist in Bezug auf Sicherheit eine hervorragende Erfolgsgeschichte auf. Etwas Besorgnis erregend ist jedoch, dass man nicht genau weiss, weshalb das System so gut funktioniert. Systeme der Luftraumüberwachung und Flugverkehrsleitung haben sich während Jahrzehnten in kleinen Schritten entwickelt, wobei jeweils auf früheren Erfahrungen aufgebaut wurde. Aber wie können die Systeme weiter wachsen und den Bedingungen des 21. Jahrhunderts angepasst werden, wenn grundlegende Faktoren nicht verstanden und in den Modellen nicht berücksichtigt werden?

Im Rahmen eines dreijährigen Projekts der Europäischen Kommission haben sich fünfzig Mathematiker und Systemanalytiker aus sechs Universitäten und drei Forschungsanstalten diesen Fragen gewidmet. Die «Hybridge-Studie», deren Kosten von vier Millionen Euro teilweise von der EU finanziert wurden, betrifft ganz allgemein komplexe Systeme wie zum Beispiel Atomkraftwerke, das Internet, die Telekommunikation. Die Luftfahrt wurde als erstes Anwendungsgebiet gewählt, weil es sehr dezentralisiert ist, weil in ihm Menschen und Systeme zusammenwirken und weil die Sicherheit oberstes Gebot ist.

Die Wissenschafter hatten die Aufgabe, die Wirkungsweise hybrider Systeme zu verstehen und ihre Anwendbarkeit auf die Luftfahrt zu prüfen. Mit «hybrid» bezeichnet man Systeme, in denen analoge Verfahren der Regelungstechnik mit digitalen Methoden der Computerwissenschaft gekoppelt sind. Im «Hybridge-Projekt» wurde untersucht, wie dynamische Systeme (die durch so genannte Differenzialgleichungen beschrieben werden) reagieren, wenn plötzlich unvorhergesehene Ereignisse eintreten. Eine Forderung des Projekts war es, dass Menschen – Piloten und Fluglotsen, nicht Maschinen – jeweils die letzte Entscheidung treffen.

Eine erste Aufgabe bestand in der Modellierung von Problemen, die in einem dezentralisierten, hochkomplexen System entstehen können. Wenn Piloten, Fluglotsen, Flugzeuge, Computer und mechanische Systeme zusammenwirken, können unbemerkt Missverständnisse entstehen, die sich – falls sie nicht rechtzeitig erkannt und korrigiert werden – zu einer Katastrophe aufschaukeln können. Eine der Aufgaben von «Hybridge» war es, Methoden zur frühzeitigen Identifizierung und Verhinderung solcher potenziellen Konflikte zu entwickeln.

Eine zweite Aufgabenstellung betraf die Simulierung von Flugunfällen. Glücklicherweise sind Flugunfälle höchst selten, was für die Modellierung des Flugverkehrs allerdings bedeutet, dass enorme Mengen von Simulationen produziert werden müssten, bis eine statistisch signifikante Menge von Problemfällen gesammelt werden könnte. Im Rahmen des «Hybridge-Projekts» wurde eine mathematische Methode entwickelt, die die Geschwindigkeit der Simulationen um mehrere Grössenordnungen erhöht und es dadurch erlaubt, äusserst seltene Ereignisse – zum Beispiel den gleichzeitigen Eintritt von an sich harmlosen Ereignissen, die zu einem Unfall führen können – statistisch zu untersuchen.

Der dritte Aufgabenkreis betraf die Optimierung des Luftverkehrs. Flughäfen würden gerne Teile der Überwachungssysteme automatisieren. Aber verschiedene, sich zum Teil widersprechende Zielsetzungen wie Sicherheit, Wirtschaftlichkeit und Umweltbelange sowie Unsicherheitsfaktoren wie Wetter und Verkehrsaufkommen machen dies schwierig. Im «Hybridge-Projekt» wurden Optimierungsmethoden entwickelt und auf ihre Realisierungsmöglichkeiten geprüft.

Das «Hybridge-Projekt», das im März 2005 abgeschlossen wurde, stellte die prinzipielle Machbarkeit der Methoden unter Beweis. Im nächsten Schritt wollen die Partnerorganisationen und -universitäten Anwendungen zum praktischen Einsatz in der Luftfahrt entwickeln.

Zur Evolution von Kettenbriefen

Im Durchschnitt erhält jeder Postempfänger alle paar Jahre einen so genannten Kettenbrief mit der Aufforderung, Kopien zu erstellen und sie innert einiger Tage an ein Dutzend Adressaten weiterzusenden. Komme man der Aufforderung nach, winke einem Glück, andernfalls werde einen das Pech verfolgen. 1935, während der grossen Depression, machte im amerikanischen Gliedstaat Colorado der Send-a-Dime-Kettenbrief Furore. Er stellte eines der ersten, unterdessen in den meisten Staaten der Welt gesetzlich verbotenen Pyramidenspiele dar. Viele der anderen, oft religiös verbrämten Kettenbriefe durchliefen Tausende von Generationen und sind zum Teil immer noch im Umlauf. Insgesamt verkehrten im 20. Jahrhundert laut vorsichtigen Schätzungen mehrere Milliarden solcher Briefe. Dass man diesem lästigen Phänomen auch eine positive Seite abgewinnen kann, haben drei amerikanische Forscher demonstriert. Sie benutzten eine Auswahl von Kettenbriefen zum Test von Methoden, mit denen Bioinformatiker die Stammesgeschichte von Organismen untersuchen.

Bis in die Mitte des 20. Jahrhunderts wurden die Empfänger angewiesen, die Briefe jeweils von Hand zu kopieren. Dabei schlichen sich oft Übertragungsfehler ein – Eigennamen wurden entstellt, Zahlen wurden verändert. Ab etwa 1953, als die ersten Kopiergeräte auf den Markt kamen, konnten die Briefempfänger Fotokopien erstellen und verschicken. Aber auch die neuere Technologie feite Kettenbriefe nicht gegen Fehler, denn die Fotokopien wurden nach 15 bis 25 Generationen jeweils so blass, dass die fast unleserlich gewordenen Episteln mit der Schreibmaschine neu getippt werden mussten. Auch dabei entstanden Fehler. In dieser Beziehung haben Kettenbriefe Ähnlichkeiten mit Genen: Sie mutieren von Zeit zu Zeit und unterliegen der natürlichen Auslese. Manche Mutationen sind der Evolution förderlich, und die Briefe überleben während Jahrzehnten. Andere Briefe verschwinden, weil die Mutationen der Entwicklung schadeten. Wie die Forscher herausfanden, geben die Übertragungsfehler Hinweise auf die Entwicklungsgeschichte (Phylogenie) des Phänomens.

Der Physiker Charles Bennett vom Forschungszentrum der IBM in Yorktown Heights, bekannt als Mitentdecker der Quantenteleportation, und seine Kollegen Ming Li von der University of Waterloo sowie Bin Ma von der University of Western Ontario sammelten 33 grösstenteils undatierte Kettenbriefe. Obwohl diese untereinander grosse Ähnlichkeiten aufwiesen, war nicht ohne weiteres ersichtlich, welche Briefe von welchen abstammen. Um der Entwicklungsgeschichte der Briefe auf den Grund zu gehen, benutzten die Forscher die auch in der Genetik verwendete Methode der Datenkompression. Für den Informationsgehalt eines Briefes oder einer Gensequenz ist nämlich nicht die absolute Länge ausschlaggebend – der «Text» könnte ja Wiederholungen oder sprachliche Ähnlichkeiten aufweisen –, sondern die Länge, die nach der Komprimierung des Inhalts übrig bleibt. Algorithmen wie diejenigen, die zur Speicherung von Computerdateien angewendet werden, entfernen redundante Informationen.

Wichtig für die Entwicklungsgeschichte ist die Differenz, die entsteht, wenn zwei Texte zuerst separat und dann noch einmal gemeinsam komprimiert werden. Ist die Kompression des gemeinsamen Textes kleiner als die der separaten Texte, so bedeutet dies, dass die beiden Briefe oder genetischen Sequenzen Gemeinsamkeiten aufweisen und deshalb verwandt sind. Die Forscher verglichen die Kettenbriefe paarweise und berechneten die jeweiligen Verwandtschaftsgrade.

Der nächste Schritt war die Transformation der Daten in eine Stammesgeschichte. Dies geschah mittels Programmen, die die Verwandtschaftsgrade automatisch in einen Stammbaum übertragen. Der Evolutionsbaum, den die Forscher erhielten, war in sich stimmig. Zum Beispiel wurde Briefen aus Holland (Netherlands) ein anderer Ast auf dem Stammbaum zugewiesen als Briefen aus New England. Ebenso verhielt es sich mit Briefen, in denen der Name General Welch zu Gene Walsh mutiert war. Wäre hingegen auf dem Gene-Walsh-Ast der Name General Welch erneut aufgetaucht, so wären Zweifel an der Methode berechtigt gewesen. Man hätte sich dann fragen müssen, ob die entsprechenden Programme und Algorithmen angemessen sind, um die stammesgeschichtliche Entwicklung von Organismen zu untersuchen.

Die Methode des Vergleichs komprimierter Texte kann übrigens auch andernorts eingesetzt werden. Forscher benutzten sie etwa, um belletristische Literatur unbekannten Autoren zuzuweisen, um Plagiate aufzudecken oder zur Erstellung eines Stammbaumes für die menschlichen Sprachen.

Der letzte gemeinsame Ahne

Genealogen bemerken manchmal, dass die gleiche Person in einem Stammbaum mehrmals auftaucht – etwa wenn die Cousine der Ururgrossmutter väterlicherseits auch die Tochter des Ururgrossvaters mütterlicherseits war. Eine solche Situation ist insbesondere zu beobachten, wenn die Familie während Generationen innerhalb enger geografischer Grenzen lebte oder einer kleinen Religionsgemeinschaft zugehörte. Aber das Phänomen muss auch für die Gesamtbevölkerung der Erde auftreten. Denn vor 40 Generationen, ungefähr um das Jahr 1000, hätten theoretisch von jedem heutigen Erdbewohner 2^{40} direkte Vorfahren leben müssen, was einer Billion Ahnen entsprechen würde. Doch die gesamte Weltbevölkerung betrug damals nur gerade eine Milliarde Menschen.

Ein Mathematiker, ein Neurowissenschafter und ein Wissenschaftsjournalist sind diesem Problem nun näher auf den Grund gegangen, indem sie das Bevölkerungswachstum und das Paarungsverhalten der Menschheit der vergangenen 22 000 Jahre mit Hilfe von Computermodellen simulierten. In den Modellen war die Erdbevölkerung aufgrund geschichtlicher und vorgeschichtlicher Quellen in unterschiedlichen Dichten über die Kontinente verteilt. Auch wurden die Migration innerhalb der Kontinente und die gelegentliche Vermischung der verschiedenen Gruppen über die Wasserwege hinweg berücksichtigt, wobei Hafenstädte eine besondere Rolle spielten. Laut diesen Simulationen hat der letzte Vorfahre, den alle heute lebenden Menschen gemeinsam haben, vor 76 Generationen gelebt, also um 300 v. Chr. Zudem habe jeder heutige Mensch unter jenen Individuen, die vor 169 Generationen (um 3000 v. Chr.) lebten, genau die gleiche Gruppe von Vorfahren. Die Stämme der übrigen damals lebenden Menschen seien ausgestorben.

Das blaue Gehirn

Der Computerriese IBM, im Volksmund wegen der Farbe des Firmenlogos Big Blue genannt, hat zusammen mit dem Brain Mind Institute der ETH Lausanne das Projekt Blue Brain gestartet, mit dem Wissenschafter die Funktionsweise des Gehirns von Säugetieren erforschen wollen. Ein im Mai 2005 in Gang gesetzter Supercomputer soll die Nervenzellen der so genannten neokortikalen Neuronensäule sowie die Interaktionen zwischen ihnen simulieren. Das Forscherteam rekrutiert sich aus Wissenschaftern der ETH Lausanne und der Firma IBM. Federführend in Lausanne ist der israelische Professor Henry Markram, der die neurowissenschaftliche Abteilung, die er am Weizmann-Institut in Rehovot leitete, im Jahr 2002 nach Lausanne transferierte.

Die physiologische Erforschung des Gehirns begann schon vor über hundert Jahren mit den Arbeiten des spanischen Anatomen Ramón y Cajal (Nobelpreis für Medizin 1906). Gegenstand der Untersuchungen war der Neokortex, die als «graue Substanz» bekannte, wenige Millimeter dicke Hirnrinde, in der das Bewusstsein und alle kognitiven Fähigkeiten lokalisiert sind. Die Urform der Bausteine, durch die der Neokortex aufgebaut wird, ist die neokortikale Neuronensäule, eine etwa zwei Millimeter breite und einen halben Millimeter hohe Ansammlung neuronaler Zellen. Sie stellt den evolutionären Übergang von Reptilien zu Säugetieren dar. Diese Säule ist es, die – millionenfach vervielfacht – den Neokortex aufbaut und dem Menschen kognitive Fähigkeiten verleiht. Die Neuronensäule einer Ratte, die das Vorbild für Blue Brain liefert, besteht aus etwa 10 000 Neuronen, die mit insgesamt etwa fünf Kilometer langen Verbindungen gegenseitig verknüpft sind. (Die neokortikale Neuronensäule eines Menschen besteht aus etwa sechsmal so vielen Zellen und entsprechend mehr Verbindungen.) Die Neuronensäule ist das kleinste als Einheit funktionierende Netzwerk von Neuronen, das komplexe Aktivitäten entfaltet. 80 Prozent der menschlichen Hirnrinde besteht aus Kopien der Neuronensäule.

In dem Jahrhundert seit den Pionierleistungen von Cajal haben Wissenschafter enorm viel Datenmaterial über Struktur und Funktion des Gehirns zusammengetragen. Die Zahl und Formen der Neuronen sind bekannt, ebenso die Verbindungen zwischen ihnen und die Art, wie sie miteinander kommunizieren. Somit ist eine digitale Beschreibung der Struktur und der Funktionsregeln möglich. Aber von der Beschreibung der Mikroarchitektur des Gehirns bis zum Verständnis seiner Wirkungsweise ist es ein weiter Weg. Markram meint, dass die Zeit gekommen sei, das vorhandene Datenmaterial mittels Computer aufzuarbeiten, eine virtuelle Neuronensäule zu entwickeln und sie in Simulationen zu testen. Die Beobachtung der detaillierten, dreidimensionalen Rekonstruktion der Neuronensäule wird es erlauben, von den quantitativen Daten zu einem qualitativen Verständnis des Gehirns vorzudringen. Dies wird es ermöglichen, Funktionen des Gehirns, aber auch Fehlfunktionen – Autismus, Schizophrenie, Depression – besser zu verstehen.

Eine Modellierung der Interaktionen zwischen 10 000 gegenseitig je hundert- und tausendfach verbundenen Zellen erfordert eine enorme Rechenleistung. Insgesamt sind Hunderttausende von Parametern zu berücksichtigen. Der einzige Computer, der einigermassen in der Lage ist, solche Datenmengen zu verarbeiten und Gehirnfunktionen dreidimensional darzustellen, ist «Blue Gene» von IBM, der zurzeit schnellste Supercomputer der Welt. Die Lausanner Version besteht aus vier je 1000 Prozessoren umfassenden Rechnern von der Grösse je eines Kühlschranks. Sie hat eine Geschwindigkeit von 22,8 TFlops (22,8 Billionen Berechnungen pro Sekunde). Die Kosten des Systems würden sich im Handel auf etwa zehn Millionen Franken belaufen, doch erhielt die Hochschule auf den ausschliesslich für Forschungszwecke bestimmten Computer einen ungenannten Rabatt. Die vier Rechner können bei Bedarf um weitere Einheiten erweitert werden.

Jeder der 4000 Prozessoren simuliert ein, zwei oder drei Neuronen. Die erste, auf zwei bis drei Jahre veranschlagte Phase des Blue-Brain-Projekts besteht darin, eine korrekte Nachbildung der neokortikalen Neuronensäule zu entwickeln. Besitzt man einmal ein funktionierendes Modell, sollen in der zweiten Phase zwei Forschungsrichtungen eingeschlagen werden. Einerseits soll das Modell der Neuronensäule vereinfacht und dann so lange vervielfacht werden, bis ganze Teile des Neokortex aufgebaut und simuliert werden können. Andererseits will Markram versuchen, auf eine noch grundlegendere Stufe vorzustossen und Interaktionen zwischen einzelnen Molekülen zu erforschen. Es ist kein Ziel des Projekts, künstliche Intelligenz zu entwickeln. Der Projektleiter vergleicht die Bedeutung des Blue-Brain-Projekts – vielleicht um eine Spur zu ehrgeizig – mit der Landung auf dem Mond oder der Entschlüsselung des menschlichen Erbguts.

Bibliographie

Rechnen geht nicht mit links
Rosemary A. Varley, Nicolai J. C. Klessinger, Charles A. J. Romanowski und Michael Siegal
«Agrammatic but numerate», *Proceedings of the National Academy of Sciences*, Band 102, Nr. 9, März 2005, 3519–3524.
Bei zu viel Information geht gar nichts mehr
Graeme S. Halford, Rosemary Baker, Julie E. McCredden und John D. Bain
«How Many Variables Can Humans Process?», *Psychological Science*, Band 16, Januar 2005.
Irrwege eines mathematischen Beweises
Thomas Hales
«A proof of the Kepler conjecture», *Annals of Mathematics*, Band 162, Nr. 3, November 2005, 1063–1183.
Neues aus der Welt der Primzahlen
Ben Green und Terence Tao
«The primes contain arbitrarily long progressions», http://arxiv.org/abs/math.NT/0404188, revised August 2005.
Das Auswahlaxiom und seine Konsequenzen
Saharon Shelah und Alexander Soifer
«Axiom of choice and chromatic number of the plane», *Journal of Combinatorial Theory A*, Band 103, Nr. 2, August 2003, 387–391.
«Axiom of choice and chromatic number: examples on the plane», *Journal of Combinatorial Theory A*, Band 105, Nr. 2, Januar 2004, 359–364.
Alexander Soifer
«Axiom of choice and chromatic number of R^n», *Journal of Combinatorial Theory A*, Band 110, Nr.1, April 2005, Januar 2004, 169–173.
Kaffeesatzlesen auf hohem Niveau
Steve Pincus und Rudolf E. Kalman
«Irregularity, volatility, risk, and financial market time series», *Proceedings of the National Academy of Sciences*, Band 101, Nr. 38, September 2004, 13709–13714.

Physik zerknautschter Papierballen
Kittiwit Matan, Rachel Williams, Thomas A. Witten und Sidney R. Nagel
«Crumpling a thin sheet», *Physical Review Letters*, Band 88, Nr. 7, 2002.
Grenzen der Speichergeschwindigkeit
I. Tudosa, C. Stamm, A. B. Kashuba, F. King, H. C. Siegmann, J. Stöhr, G. Ju, B. Lu und D. Weller
«The ultimate speed of magnetic switching in granular recording media», *Nature*, Band 428, April 2004, 831–833.
Smarties im Rütteltest
Aleksandar Donev, Ibrahim Cisse, David Sachs, Evan A. Variano, Frank H. Stillinger, Robert Connelly, Salvatore Torquato, P. M. Chaikin
«Improving the Density of Jammed Disordered Packings using Ellipsoids», *Science*, Band 303, 2004, 990–993.
Minimale Massnahmen mit maximaler Wirkung
Lazaros K. Gallos, Reuven Cohen, Panos Argyrakis, Armin Bunde, Shlomo Havlin
«Stability and topology of scale-free networks under attack and defense strategies», *Physical Review Letters*, Band 94, 2004, Art.-Nr. 188 701 (2005).
Die Tücke der Lücke
M. Bertalmío, A. Bertozzi, G. Sapiro
«Navier-Stokes, Fluid-Dynamics and Image and Video Inpainting», IEEE CVPR, Hawaii, USA, Dezember 2001.
Pieter und Pietro im Parameterraum
Siwei Lyu, Daniel Rockmore und Hany Farid
«A digital technique for art authentication», *Proceedings of the National Academy of Sciences*, Band 101, Nr. 49, Dezember 2004, 17006–17010.
Ein Diplomat mit Liebe für Zahlen und Schach
Ajai Choudhry
«Triads of integers with equal sums of squares, cubes and fourth powers», *Bulletin of the London Mathematical Society*, Band 35, Nr. 6, November 2003, 821–824.
Geheimnisse, die sich in Zahlen verbergen
Régis de la Bretèche, Carl Pomerance und Gérald Tenenbaum
«Products of ratios of consecutive integers», *The Ramanujan Journal*, Band 9, Nr. 102, April 2005, 131–138.
Die Mathematik der seltenen Arten
Brian J. MacGill
«A test of the neutral theory of biodiversity», *Nature*, Band 422, April 2003, 881–885.

Igor Volkov, Jayanth R. Banavar, Stephen P. Hubbell und Amos Maritan
«Neutral theory and relative species abundance in ecology», *Nature*, Band 424, August 2003, 1035–1037.
George Sugihara, Louis-Félix Bersier, T. Richard E. Southwood, Stuart L. Pimm und Robert M. May
«Predicted correspondence between species abundances and dendrograms of niche similarities», *Proceedings of the National Academy of Sciences*, Band 100, Nr. 9, April 2003, 5246–5251.
Warum gibt es Sex?
Sarah P. Otto und Scott L. Nuismer
«Species interactions and the evolution of sex», *Science*, Band 304, Mai 2004, 1018–1020.
Berechenbare Eindringlinge?
G. Korniss und T. Caraco
«Spatial Dynamics of Invasion: The Geometry of Introduced Species», *Journal of Theoretical Biology*, Band 233, 2005, 137–150.
Das geordnete Chaos der Farbkleckse
Richard Taylor
«Pollock, Mondrian and Nature: Recent Scientific Investigations», *Chaos and Complexity Letters*, Band 1, 2004.
Warum die Frauen nicht davonsprinten
Andrew J. Tatem, Carlos A. Guerra, Peter M. Atkinson und Simon I. Hay
«Athletics: Momentous sprint at the 2156 Olympics?», *Nature*, Band 431, September 2004, 525.
So einfach ist es, einen Modetrend aufzuspüren
F. A. Matsen und Martin A. Nowak
«Win-stay, lose-shift in language learning from peers», *Proceedings of the National Academy of Sciences*, Band 101, Nr. 52, Dezember 2004, 18053–18057.
Botschaften des Allmächtigen oder zurechtgeschusterte Daten?
Robert J. Aumann und Hillel Furstenberg
«Findings of the Committee to Investigate the Gans-Inbal Results on Equidistant Letter Sequences in Genesis», Center for Rationality, Juni 2004, http://ratio.huji.ac.il/dp/dp364.pdf
Robert J. Aumann, Hillel Furstenberg, I. Lapides und D. Witztum
«Analyses of the ‹Gans› Committee Report», Center for Rationality, Juli 2004, http://ratio.huji.ac.il/dp/dp365.pfd
Ist das Voynich-Manuskript eine Fälschung?
Gordon Rugg
«An elegant hoax? A possible solution to the Voynich manuscript», *Cryptologia*, Band 28, Nr. 1, Januar 2004, 31–46.

Das Leben wird wieder kürzer

J. Bongaarts und Griffith Feeney

«Estimating mean lifetime», *Proceedings of the Natioanl Academy of Sciences*, November 2003, Band 100, 13127–113133.

Zur Evolution von Kettenbriefen

Charles H. Bennett, Ming Li und Bin Ma

«Chain letters and evolutionary histories», *Scientific American*, Juni 2003, 64–69.

Der letzte gemeinsame Ahne

Douglas L. T. Rohde, Steve Olson und Joseph T. Chang

«Modelling the recent common ancestry of all living humans», *Nature*, Band 431, September 2004, 562–566.

George G. Szpiro

Mathematik für Sonntagmorgen

50 Geschichten aus Mathematik und Wissenschaft. 240 Seiten. Serie Piper

Die wenigsten von uns sind Mathegenies, und es gehört schon fast zum guten Ton, wenn man zugibt, nichts von Mathematik zu verstehen. Hier schafft George G. Szpiro Abhilfe. In leicht verständlicher Sprache erzählt er von der Mathematik und von berühmten Mathematikern, von gelösten und ungelösten Problemen, von Theorien und mathematischen Knobeleien. Eine Einladung in die spannende Welt der Zahlen.

»Szpiro schreibt über so ziemlich alles, was in den letzten Jahren in der Mathematik Schlagzeilen machte: von der Poincaréschen Vermutung bis zur Lösung des Apfelsinenpackproblems durch Thomas Hales. Natürlich kann man derartige Jahrhundertarbeiten nicht einmal annähernd auf ein paar formellosen Textseiten wiedergeben. Aber Szpiro gelingt es, die wesentlichen Ideen dahinter zu vermitteln.«

Spektrum der Wissenschaft

05/2256/01/L

Ian Stewart

Die wunderbare Welt der Mathematik

Aus dem Englischen von Helmut Reuter. 304 Seiten mit 20 Zeichnungen von Spike Gerrell und 81 Graphiken. Serie Piper

Mathematik kann einfach richtig Spaß machen. Und der phantasievolle Mathematiker Ian Stewart zeigt mit seinen vergnügten Rätselgeschichten, daß sie sogar in der Alltagssprache erklärt werden kann. Mit Mönchen, Möbelpackern, Piraten, Steinmetzen und Sherlock Holmes reist Ian Stewart durch die wunderbare Welt der Mathematik.

»Dieses Buch ist eine Einladung an alle, die ihre grauen Zellen trainieren und dabei Spaß haben wollen.«

Hamburger Abendblatt

05/2254/01/R